U0351853

编审委员会

高职高专规划教材

建筑设备学习指导与练习

汤万龙　主　编
胡世琴　副主编

化学工业出版社
·北京·

本学习指导与练习是《建筑设备》（第二版）教材的配套用书。

本书采用了现行的国家最新规范和行业标准编写，共分 8 个单元，主要内容包括：建筑内部给水系统，建筑内部排水系统，供暖系统，室内给水排水及供暖工程施工图，通风空调系统，建筑电气设备和系统，建筑供配电及照明系统，建筑电气工程施工图。其中每单元又分为知识、技能要求，学习重点，学习难点，精选例题解析和相应课题的习题练习。在本书的最后，附有练习参考答案。

本书可作为高职高专建筑工程技术、工程管理类等相关专业建筑设备课程的配套教材，也可作为相关专业师生及技术人员学习的参考用书。

图书在版编目（CIP）数据

建筑设备学习指导与练习/汤万龙主编. —北京：化学
工业出版社，2015.6
高职高专规划教材
ISBN 978-7-122-23674-6

Ⅰ.①建⋯　Ⅱ.①汤⋯　Ⅲ.①房屋建筑设备-高等职
业教育-教学参考资料　Ⅳ.①TU8

中国版本图书馆 CIP 数据核字（2015）第 079268 号

责任编辑：李仙华　　　　　　　　　　　装帧设计：尹琳琳
责任校对：宋　玮

出版发行：化学工业出版社（北京市东城区青年湖南街 13 号　邮政编码 100011）
印　　装：三河市延风印装有限公司
787mm×1092mm　1/16　印张 8½　字数 193 千字　　2015 年 7 月北京第 1 版第 1 次印刷

购书咨询：010-64518888（传真：010-64519686）　　售后服务：010-64518899
网　　址：http://www.cip.com.cn
凡购买本书，如有缺损质量问题，本社销售中心负责调换。

定　　价：18.00 元

前言

《建筑设备》是全国高职高专教育土建类专业教学指导委员会规划推荐教材,被评为第十一届中国石油和化学工业优秀教材一等奖。

《建筑设备》(第二版)在教材第一版的基础上,及时纳入2010年之后出台的新规范,并增加了地源热泵和太阳能空调等新技术,删除了废止的图形符号及与现行规范不相符的内容,对教材第一版进行了纠错补缺。因此《建筑设备》(第二版)不仅保留了教材第一版注重课程教学与学生认知过程相结合、理论与实际相结合、学生能力与岗位能力相对接,注重针对性和实用性的特点,而且更加突出了节水、节能和环保的思想理念。

为使《建筑设备》(第二版)教材建设更趋完善,方便教师授课和学生自主学习,新疆建设职业技术学院组织编写并制作了与该教材配套的学习指导与练习、助教光盘、图片素材库和电子教案等系列学习辅助资料。

《建筑设备学习指导与练习》紧贴教材,突出重点,与建筑工程及设备工程施工工艺相结合,具有很强的针对性和实用性,是一部不可多得的教学辅助用书。

本书由新疆建设职业技术学院汤万龙主编、胡世琴副主编。其中单元一、单元二由胡世琴编写;单元三、单元四由汤万龙编写;单元五由乌鲁木齐市建设工程质量监督站张小英编写;单元六~单元八由张军和齐斌共同编写。

由于笔者水平有限,书中不足之处难免,敬请各位读者提出宝贵意见。

编者
2015 年 2 月

目录

单元 二　供暖系统 ———————————————— 21

单元四　室内给水排水及供暖工程施工图 —— 30

单元 ⑤ 通风空调系统

单元六 建筑电气设备和系统 —————————— 52

单元七 建筑供配电及照明系统 —————————— 59

单元⑧　建筑电气工程施工图————————75

练习参考答案————————————————88

建筑内部给水系统

【知识、技能要求】

1. 具有认知室内给水系统常用管材、管件和附件以及判别其适用条件的能力。
2. 能够根据不同管材选用相应的连接方法。
3. 能够理解室内给水系统的给水方式及其适用条件。
4. 能够认知室内给水系统常用设备的作用。
5. 能够认知室内热水供应系统的类型。
6. 理解热水供应系统管道敷设的基本要求。
7. 能够理解室内给水管道的敷设要求。
8. 能够理解室内给水系统常用设备及附件的安装程序和质量要求。
9. 能够理解室内消防给水系统和建筑中水系统各组成部分的作用。
10. 能根据施工进度协调室内给水系统安装、室内消防给水系统和建筑中水系统安装、室内给水系统常用设备及附件安装与土建施工的工种配合和专业之间的衔接关系。

【学习重点】

1. 室内给水系统的组成。
2. 管道的连接方法。
3. 常用管材、管件、附件的种类和适用条件。
4. 给水系统的给水方式。
5. 给水常用设备。
6. 热水供应系统的组成。
7. 热水供应系统的管道敷设。
8. 给水管道布置与敷设。
9. 室内给水系统安装。
10. 室内消防给水系统安装。
11. 建筑中水系统安装。
12. 离心泵的安装。
13. 阀门、水表及水箱的安装。
14. 管道支架的安装。

【学习难点】

1. 管道的连接方法。
2. 给水系统的给水方式。

3. 热水供应系统的管道敷设。

4. 给水管道布置与敷设。

5. 建筑中水系统安装。

6. 离心泵的安装。

**精选例题解析**

【例题 1-1】 下列关于水表的叙述中正确的是（　　　）。

A. 水表节点是指安装在引入管上的水表及其后设置的阀门和泄水装置的总称

B. 根据翼轮构造不同，流速式水表可分为两类，其中叶轮转轴与水流方向垂直的为螺翼式水表

C. 与湿式水表相比，干式水表具有较高的计量精度

D. 水表不能被有累计水量功能的流量计代替

解析：正确答案为 A。

选项 B 中叶轮转轴与水流方向垂直的应为旋翼式水表，叶轮转轴与水流方向平行的是螺翼式水表。

选项 C 中由于湿式水表的计数机件浸没在水中，干式水表的计数机件与水分离，因此湿式水表应比干式水表具有较高的计量精度。

选项 D 是明显错误的，因为水表除了水表的功能就是累计计量流量。

【例题 1-2】 下列管材中，可以在设备机房中使用的是（　　　）。

A. 薄壁铜管　　　　　　　　　　　　　B. 薄壁不锈钢管

C. 镀锌钢管内衬不锈钢管　　　　　　　D. PB 管

解析：正确答案为 A、B、C。

根据《建筑给水排水设计规范》（GB 50015—2003）（2009 年版）第 5.6.2 条，设备机房内的管道安装维修时，可能要经常碰撞，有时可能还要站人，一般塑料管材质脆怕撞击，所以不宜用作机房的连接管道。

【例题 1-3】 当给水管道必须穿越人防地下室时，下列处理方法中正确的是（　　　）。

A. 设防爆阀门　　　　B. 设橡胶软管　　　　C. 设泄水装置　　　　D. 设防水套管

解析：正确答案为 A。

根据《建筑给水排水设计规范》（GB 50015—2003）（2009 年版）第 3.5.20 条，给水管道应避免穿越人防地下室，必须穿越时应按现行国家标准《人民防空地下室设计规范》（GB 50038—2005）的要求设置防护阀门等措施。

【例题 1-4】 建筑物内埋地敷设的生活给水管与排水管之间的最小净距，平行埋设时不应小于（　　　），交叉埋设时不应小于（　　　）。

A. 0.40m；0.20m　　　　　　　　　　B. 0.20m；0.40m

C. 0.50m；0.15m　　　　　　　　　　D. 0.15m；0.50m

解析：正确答案为 C。

根据《建筑给水排水设计规范》（GB 50015—2003）（2009 年版）第 3.5.15 条，建筑物内埋地敷设的生活给水管与排水管之间的最小净距，平行埋设时不宜小于 0.50m；交叉埋设时不应小于 0.15m，且给水管应在排水管的上面。

【例题 1-5】 热水管网应在下列管段上装设阀门，其中（　　）是正确的。

A. 具有 2 个配水点的配水支管上　　　　B. 从立管接出的支管上

C. 配水立管和回水立管上　　　　　　　D. 与配水、回水干管连接的分干管上

解析：正确答案为 B、C、D。

根据《建筑给水排水设计规范》（GB 50015—2003）（2009 年版）第 5.6.7 条，热水管网应在下列管段上装设阀门：

（1）与配水、回水干管连接的分干管；

（2）配水立管和回水立管；

（3）从立管接出的支管；

（4）室内热水管道向住户、公用卫生间等接出的配水管的起端；

（5）与水加热设备、水处理设备及温度、压力等控制阀件连接处的管段上按其安装要求配置阀门。

选项 A 不符合第（4）款，选项 B、C、D 分别符合第（3）、（2）、（1）款。

 室内给水系统的分类及组成

一、填空题

1. 室内给水系统的任务是满足建筑物和用户对 _____、_____、_____、水温的要求，以确保用水安全可靠。

2. 建筑内部给水系统根据用途一般可分为 _____、_____、_____ 三类。

3. 室内给水由引入管经 _____ 管、_____ 管引至 _____ 管，到达各配水点和用水设备。（按顺序填写）

二、名词解释

1. 给水附件：

2. 升压贮水设备：

三、简答题

水表的设置要求是什么？

 室内给水系统常用管材、管件和附件

一、填空题

1. 在给水管道工程中常用的金属管材有：焊接钢管、铝塑管、_____、_____ 和

_____五种。

2. 焊接钢管俗称水煤气管，按其表面是否镀锌可分为镀锌钢管又称_____、非镀锌钢管又称_____。

3. 无缝钢管的直径规格用_____表示，单位是_____。

4. 热水系统所使用的管材、管件的实际温度不应低于_____。

5. 管材和管件宜为_____，管件宜与管道_____。

二、判断题（正确的打"√"，错误的打"×"）

1. 塑料管与铸铁管相比，具有强度高、重量轻、内外表面光滑、容易加工和安装的优点，但耐腐蚀性能差，价格较高。（　　）

2. 焊接钢管的规格有：$DN15$、$DN20$、$DN25$、$DN35$、$DN40$ 等。（　　）

3. 给水铸铁管件与无缝钢管管子的连接均采用螺纹连接。（　　）

4. 无缝钢管管件与管道的连接采用焊接。（　　）

5. 给水硬聚氯乙烯管和高密度聚乙烯管，均可用于室内外输送水温不超过 60℃ 冷热水。（　　）

6. 铝塑管常用外径等级为 $D14$、$D16$、$D20$、$D25$、$D32$、$D40$ 等共 11 个级别。（　　）

7. 一般建筑用冷、热水铜管的规格尺寸用公称直径表示，单位为厘米。（　　）

8. 给水用铝塑管的连接采用螺纹连接。（　　）

9. 给水硬聚氯乙烯管和给水高密度聚乙烯管化学表达式分别是 HDPE 和 PVC-U。（　　）

三、单项选择题（将正确答案的序号填入括号内）

1. 低压流体输送用镀锌焊接钢管的管径正确的一组是（　　）。

A. 20、25、30　　　　B. 40、50、60　　　　C. 80、90、100　　　　D. 100、125、150

2. 当焊接钢管、无缝钢管、铜管的管径 $DN >$ （　　）时采用焊接连接。

A. 40mm　　　　B. 50mm　　　　C. 32mm　　　　D. 25mm

3. 螺纹连接适用于 $DN \leqslant$ （　　）的镀锌钢管，以及较小管径、较低压力焊接钢管、硬聚氯乙烯塑料管的连接和带螺纹的阀门及设备接管的连接。

A. 80mm　　　　B. 32mm　　　　C. 100mm　　　　D. 150mm

4. 管件中起封堵管道末端作用的是（　　）。

A. 管帽　　　　B. 三通　　　　C. 180°弯头　　　　D. 管卡

四、多项选择题（将正确答案的序号填入括号内）

1. 给水工程常用的铸铁管分为（　　）。

A. 给水铸铁管　　　B. 特殊铸铁管　　　C. 一般铸铁管　　　D. 排水铸铁管

2. 焊接钢管按钢管壁厚不同可分为（　　）。

A. 普通钢管　　　B. 加厚管　　　C. 一般钢管　　　D. 薄壁管

3. 室内给水系统常用管材有（　　）。

A. 混凝土管　　　B. PVC 管　　　C. 铸铁管　　　D. 焊接钢管

4. 焊接钢管管件中的弯头有（　　）焊接弯头。

A. 30°　　　　B. 45°　　　　C. 60°　　　　D. 90°

五、简答题

室内给水系统常用管材有哪些？其规格怎样表示？

课题3 室内给水系统的给水方式及常用设备

一、填空题

1. 给水系统的给水方式有 _____ 、_____ 、_____ 、_____ 和 _____ 五种。
2. 气压给水设备按罐内压力变化情况分类，有 _____ 和 _____ 两种。
3. 气压给水设备由 _____ 、_____ 、_____ 和 _____ 四部分组成。

二、判断题（正确的打"√"，错误的打"×"）

1. 气压给水设备中的空气压缩机的工作压力按略大于 $P_{\max}$ 选用。（   ）
2. 由于变压式气压给水设备的工作压力波动较大，宜选用 DA 型多级泵和 W 系列等 Q-H 特性曲线较陡的离心式水泵。（   ）
3. 加压水泵的选择，应选择 Q-H 特性曲线随流量的增大，扬程逐渐上升的水泵。（   ）
4. 市政条件许可的地区，宜采用叠压供水设备，但需取得当地供水行政主管部门的批准。（   ）

三、简答题

1. 简述建筑内部给水系统常用的给水方式及其适用范围和特点。

2. 简述气压给水装置的工作过程。

课题4 室内热水供应系统

一、填空题

1. 集中热水供应系统一般由 _____ 、_____ 和 _____ 组成。
2. 室内热水供应系统分为 _____ 、_____ 和 _____ 三类。
3. 水加热器的热媒入口管上应装 _____ 装置。

二、多项选择题（将正确答案的序号填入括号内）

1. 水加热设备应根据（   ）及卫生防菌等因素选择。

A. 使用特点   B. 耗热量

C. 热源   D. 维护管理

2. 加热设备的选用应符合（　　　　）要求。

A. 容积利用率高，换热效果好，节能、节水   B. 被加热水侧阻力损失小

C. 安全可靠、构造简单   D. 操作维修方便

3. 被加热水的温度与设定温度的差值满足（　　　）条件。

A. 导流型容积式水加热器：±5℃   B. 半容积式水加热器：±5℃

C. 半即热式水加热器：±3℃   D. 半即热式水加热器：±5℃

三、简答题

1. 热水管道穿过建筑物的楼板、墙壁和基础时，有何要求？

2. 塑料热水管敷设时有何要求？

课题5 室内给水系统安装

一、填空题

1. 地下室或地下构筑物外墙有管道穿过的应采取防水措施，对有_____要求的建筑物，必须采用_____套管。

2. 给水及热水供应系统的金属管道立管管卡安装应符合规定，楼层高度小于或等于_____，每层不得小于1个；管卡安装高度，距地面应为_____，2个以上管卡应均匀安装，同一房间管卡应安装在同一_____上。

3. 给水管道穿过墙壁和楼板时，应设置金属套管或_____套管，安装在楼板内的套管，其顶部应高出装饰地面_____mm。

4. 给水引入管穿越_____、墙体和楼板时，应及时配合土建做好_____孔洞及_____。

5. 引入管预留孔洞的尺寸或钢套管的直径应比引入管直径大_____，引入管管顶距孔洞或套管顶应大于_____。

6. 给水支管的安装一般先做到卫生器具的_____处，以后管段待_____安装后再进行连接。

7. 塑料管穿屋面时必须采用_____套管，且高出屋面不小于_____，并采取严格的防水措施。

8. 安装螺翼式水表，表前与阀门应有不小于_____倍接口直径的直线管段，表外壳距墙表面净距为_____；水表进水口中心标高按设计要求，允许偏差为_____。

9. 自动喷水灭火系统管材应采用_____，当 DN _____时应采用螺纹连接；当

DN_____或管子与设备、法兰阀门连接时应采用法兰连接。

10. 消火栓箱如设置在有可能冻结的场合，应采取相应的_____措施。

11. 当消防管道穿越的楼板为非混凝土、墙体为非砖砌体时，所设套管与穿越管之间的环形间隙应用_____填充。

12. 室内消火栓系统安装完成后应取_____和_____试验消火栓，两处消火栓应做_____试验，达到设计要求为合格。

13. 自动喷水灭火系统水平敷设的管道应有_____坡度，坡向泄水点。

14. 自动喷水灭火系统当喷头的公称直径小于10mm时，应在配水管上安装_____。

15. 报警阀应安装在明显且便于操作的地方，距地面高度宜为_____，两侧距墙不应小于0.5m，正面距墙应不小于1.2m，安装报警阀的室内地面应有_____设施。

16. 室内消防管道的管材应采用_____、_____。

17. 室内消火栓的直径规格有_____和_____两种。

18. 消火栓箱按水龙带的安置方式有_____、_____、_____和_____四种。

19. 消火栓箱的安装方式有_____、_____和_____三种。

20. 消防水泵接合器有_____、_____和_____三种。

21. 室内消防管道由_____、_____、_____和_____组成。

22. 室内消火栓的常用类型有_____型、_____型、_____型和_____型。

23. 报警阀有_____、_____、_____和_____四种类型。

24. 水流报警装置主要有_____、_____和_____。

25. 中水管道的_____、_____、_____应安装阀门，并设阀门井，根据需要安装水表。

26. 中水系统是由中水原水的_____、_____、_____和中水供给等工程设施组成的有机结合体。

27. 中水系统的类型有_____、_____和_____三种。

28. 建筑中水系统由_____、_____、_____等系统组成。

29. 二次浇灌应保证使_____与_____结为一体，待混凝土强度达到_____的设计强度后，对底座的水平度和水泵与电动机的同心度再进行一次复测并拧紧地脚螺栓。

30. 水泵吸水口前的直管段长度不应小于吸水口直径的_____倍。

31. 当泵的安装位置高于吸水液面，泵的吸水口管径小于350mm时，应设置_____；吸水口管径大于或等于350mm时，应设置_____装置。

32. 水泵试运转时，滑动轴承的温度不应大于_____；滚动轴承的温度不应大于_____。

33. 水泵安装调整位置时应使底座上的中心点与_____重合。

34. 水泵配管吸水管与压水管管路直径不应_____水泵的进出口直径。

35. 每台水泵的出口应安装控制阀、_____和压力表，并宜采取防_____措施。

36. 水泵间净高不小于_____m，水泵机组的基础至少应高出地面_____m。

37. 阀门的强度试验是指阀门在_____条件下检查阀门外表面的渗漏情况；阀门的严密性试验是指阀门在_____条件下检查阀门密封面是否渗漏。

38. 水箱出水管位于水箱的侧面，距箱底_____处接出，当进水管和出水管连在一起，共用一根管道时，出水管的水平管段上应安装＿＿＿＿＿＿。

39．水箱信号管管径一般为＿＿＿＿＿＿ mm，管路上不装＿＿＿＿＿＿。

40．建筑给水系统中广泛应用的是流速式水表，流速式水表按叶轮结构不同分为＿＿＿＿＿＿和＿＿＿＿＿＿两类。

41．水箱的泄水管上应安装阀门，管径一般为＿＿＿＿＿＿ mm。

42．水箱进水管一般由侧壁距箱顶＿＿＿＿＿＿ mm 处接入水箱。

43．支架的作用是支撑管道，并限制管道＿＿＿＿＿＿和＿＿＿＿＿＿。

44．支架的类型按支架对管道的制约作用不同，分为＿＿＿＿＿＿和＿＿＿＿＿＿。

45．滚动支架有＿＿＿＿＿＿和＿＿＿＿＿＿两种类型。

二、判断题（正确的打"√"，错误的打"×"）

1．敷设引入管时，其坡度应不小于 0.003，坡向室内。（　　）

2．引入管不得由基础下部进入室内或穿过建筑物。（　　）

3．采用直埋敷设时，埋深应符合设计要求，当设计无要求时，其埋深应大于当地冬季冻土深度，以防冻结。（　　）

4．当给水干管布置在不采暖房间内，并有可能冻结时，应当保温。（　　）

5．给水管道的清洗应在水压试验合格后，分段对管道进行清洗，当设计无规定时，以出口的水色和透明度与入口处相一致为合格。（　　）

6．生活给水管道在交付使用前必须消毒，应用含有 20～30mg/L 游离氯的水充满系统浸泡 24h，再用饮用水冲洗。（　　）

7．室内给水管道的水压试验必须符合设计要求，当设计未注明时，各种材质的给水管道系统试验压力均为工作压力的 1.5 倍，但不得小于 0.6MPa。（　　）

8．自动喷水灭火管道穿过沉降缝或伸缩缝，应设置钢性短管。（　　）

9．管道的套管与管道之间的环形间隙应填充防水材料。（　　）

10．安装在易受机械损伤处的喷头，应加设喷头防护罩。（　　）

11．自动喷水灭火系统管道中心与梁、柱、顶棚的距离应满足最小距离规定。（　　）

12．水流指示器应在管道试压合格前安装。（　　）

13．水泵安装前要核对水泵型号、性能参数是否符合设计参数 80% 的要求。（　　）

14．水泵的吊装就位，就是将水泵连同底座吊起。（　　）

15．水泵运行时，为了减少振动和噪声振动，可在机组底座上安装不同型式的减振装置。（　　）

16．安装地脚螺栓时，底座与基础之间应留有一定的空隙，并和基础面一道压实抹光。（　　）

17．自制水箱的型号、规格应符合设计或标准图的规定，且经满水试验不渗漏。（　　）

18．水箱溢水管应将管道引至排水池处，或与排水管直接连接。（　　）

19．截止阀必须按"低进高出"的方向进行安装。（　　）

20．旋翼式水表按计数机件所处的状态分为湿式和干式两种。（　　）

21．止回阀安装方向必须与水流方向相反。（　　）

22．水箱从外形上分有圆形、方形、倒锥形、球形等，由于圆体水箱工程造价最低，在工程中使用最多。（　　）

23．支架的类型按支架自身构造情况的不同分为托架和吊架两种。（　　）

24. 滚动支架是装有滚筒或球盘使管子在位移时产生滚动摩擦的支架。（　　　）

三、单项选择题（将正确答案的序号填入括号内）

1. 冷热水管道垂直平行安装时热水管应在冷水管（　　）。

A. 前方　　　　　　　　B. 左侧　　　　　　　　C. 右侧　　　　　　　　D. 后方

2. 塑料管道穿墙壁、楼板及嵌墙暗装时，应配合土建预留孔槽，其尺寸设计无规定时，预留孔洞尺寸宜比管外径大（　　）。

A. 50～150mm　　　　B. 100～150mm　　C. 200mm　　　　D. 50～100mm

3. 给水水平管道应有（　　）的坡度，坡向泄水装置。

A. 5‰～10‰　　　　　B. 2%～5%　　　　C. 2‰～5‰　　　　D. 1‰～3‰

4. 给水及热水供应系统的金属管道立管的安装时，管卡安装高度，距地面应为（　　）m，同一房间管卡安装应安装在同一高度上。

A. 0.9～1.0　　　　　B. 1.0～1.5　　　　C. 1.5～1.8　　　　D. 任意高度

5. 箱式消火栓的安装应符合下列规定：栓口应朝外，并不应安装在门轴侧；栓口中心距地面为（　　）。

A. 1.0m　　　　　　　B. 1.1m　　　　　　　C. 1.2m　　　　　　　D. 1.3m

6. 自动喷水灭火系统中的闭式喷头应从每批进货中抽查（　　）且不少于5只，进行严密性能试验。

A. 1%　　　　　　　　B. 2%　　　　　　　　C. 3%　　　　　　　　D. 4%

7. 自动喷水灭火系统的闭式喷头安装前应做试验，试验压力为（　　）MPa，试验时间不得少于3min，无渗漏、无损伤、无变形为合格。

A. 1.0　　　　　　　　B. 2.0　　　　　　　　C. 3.0　　　　　　　　D. 4.0

8. 报警阀宜设在明显地点，距离地面高度宜为（　　）m。

A. 1.0　　　　　　　　B. 1.1　　　　　　　　C. 1.2　　　　　　　　D. 1.5

9. 当中水高位水箱与生活高位水箱设在同一房间时，其与生活高位水箱之间的净距应（　　）。

A. 不小于1.5m　　　　B. 大于等于2m　　C. 大于2m　　　　D. 不大于1.5m

10. 中水管道同生活饮用水管道、排水管道平行敷设时，其水平净距不得小于（　　）。

A. 0.5m　　　　　　　B. 1.0m　　　　　　C. 2.0m　　　　　　D. 1.5m

11. 大便器使用中水冲洗时，宜用（　　）。

A. 敞开式设备和器具　　　　　　　　B. 一般设备和器具

C. 密闭式设备和器具　　　　　　　　D. 任何器具

12. 离心泵的停车应在出水管道上的阀门处于（　　）状态下进行。

A. 全开　　　　　　　B. 半开半闭　　　　C. 全闭　　　　　　D. 任何状态

13. 水泵吸水口前的直管段长度不应小于吸水口直径的（　　）。

A. 1倍　　　　　　　　B. 2倍　　　　　　　C. 3倍　　　　　　　D. 4倍

14. 水泵试运转时，泵在额定工况点连续试运转的时间不应少于（　　）。

A. 0.5h　　　　　　　B. 1h　　　　　　　　C. 1.5h　　　　　　　D. 2.0h

15. 水泵间为保证安装检修方便，水泵机组的基础端边之间和至墙的距离不得小于（　　）m。

A. 0.2　　　　　　　　B. 0.5　　　　　　C. 1.0　　　　　　D. 0.1

16. 为保证安装检修方便，水泵之间、水泵与墙壁间应留有足够的距离，水泵机组的基础侧边之间和至墙面的距离不得小于（　　　）m。

A. 0.2　　　　　　　　B. 0.5　　　　　　　　C. 0.7　　　　　　　　D. 1.0

17. 水泵间为保证安装检修方便，对于不留通道的机组，突出部分与墙壁之间的净距及相邻的突出部分的净距，不得小于（　　　）m。

A. 0.2　　　　　　　　B. 0.5　　　　　　　　C. 1.0　　　　　　　　D. 0.1

18. 出水管位于水箱侧距箱底（　　　）处接出，连接于室内给水干管上。

A. 100mm　　　　　　B. 150mm　　　　　　C. 200mm　　　　　　D. 250mm

19. 阀门的强度和严密性试验应在每批数量中抽查（　　　），且不少于1个。

A. 3%　　　　　　　　B. 5%　　　　　　　　C. 8%　　　　　　　　D. 10%

20. 选择水表时，以通过水表的设计流量小于或等于该水表的（　　　）来确定水表口径。

A. 最大流量　　　　　B. 上限流量　　　　　C. 公称流量　　　　　D. 最小流量

21. （　　　）是专门用于水泵吸水口，保证水泵启动，防止杂质随水流吸入泵内的一种单向阀。

A. 闸阀　　　　　　　B. 底阀　　　　　　　C. 球阀　　　　　　　D. 浮球阀

22. 控制附件中利用阀门两侧介质的压力差值自动关闭水流通路的是（　　　）。

A. 闸阀　　　　　　　B. 止回阀　　　　　　C. 球阀　　　　　　　D. 截止阀

23. 如出水管和进水管合用同一条管道，此时出水管上应安装（　　　）。

A. 闸阀　　　　　　　B. 球阀　　　　　　　C. 逆止阀　　　　　　D. 碟阀

24. 常用固定支架有卡环式和（　　　）两种形式。

A. 导向支架　　　　　B. 滚动支架　　　　　C. 普通管卡　　　　　D. 挡板式

25. 滑动支架有低滑动支架和高滑动支架两种，可以在支承面上（　　　）。

A. 限制运动　　　　　B. 自由滚动　　　　　C. 自由滑动　　　　　D. 自由运动

四、多项选择题（将正确答案的序号填入括号内）

1. 消防水龙带的长度有（　　　）。

A. 10m　　　　　　　B. 15m　　　　　　　C. 20m　　　　　　　D. 25m

2. 室内消火栓是一个带内扣式接头的角形截止阀，其直径规格有（　　　）。

A. DN25　　　　　　B. DN50　　　　　　C. DN65　　　　　　D. DN80

3. 消防水龙带的直径规格有（　　　）。

A. DN50　　　　　　B. DN65　　　　　　C. DN80　　　　　　D. DN100

4. 消防水泵接合器的接口直径规格有（　　　）。

A. DN50　　　　　　B. DN65　　　　　　C. DN80　　　　　　D. DN100

5. 计算消防水枪充实水柱长度时，消防射流与地面的夹角一般取（　　　）。

A. 30°　　　　　　　B. 45°　　　　　　　C. 60°　　　　　　　D. 90°

6. 消防给水管道可用焊接钢管，其连接方式有（　　　）。

A. 螺纹连接　　　　　B. 焊接连接　　　　　C. 粘接连接　　　　　D. 法兰连接

7. 室内消火栓箱的安装方式有（　　　）。

A. 手推式灭火器　　　B. 暗装　　　　　　　C. 明装　　　　　　　D. 半暗装

8. 下列关于中水管道安装叙述正确的是（　　　）。

A. 中水管道宜安装在墙体和楼板内，以防泄露污染室内环境

B. 中水管道与生活饮用水管道、排水管道交叉敷设时，中水管道应位于生活饮用水管道、排水管道的下面

C. 中水供水管道外壁应涂浅绿色标志

D. 中水池（箱）、阀门、水表及给水栓均应有"中水"标志

9. 中水系统的原水管道管材常用（　　　　　）。

A. 钢管　　　　　　　　　B. 塑料管　　　　C. 铸铁管　　　　D. 混凝土管

10. 阀门与管道或设备的连接方法有（　　　　　）。

A. 螺纹　　　　　　　　　B. 法兰连接　　　　C. 焊接　　　　　D. 粘接

11. 安装有方向要求的（　　　　）时，一定要使其安装方向与介质流动方向一致。

A. 疏水阀　　　　　　　　B. 减压阀　　　　　C. 止回阀　　　　D. 截止阀

12. 控制附件中由阀杆带动启闭件做绕垂直于管路的轴线转动 90°即为全开或全闭的有（　　　　）。

A. 闸阀　　　　　　　　　B. 旋塞阀　　　　　C. 球阀　　　　　D. 浮球阀

13. 截止阀按连接方式分为（　　　　）。

A. 内（外）螺纹截止阀　　　　　　　　B. 承插连接截止阀

C. 法兰截止阀　　　　　　　　　　　　D. 卡套式截止阀

14. 焊接钢管管件中的焊接弯头有（　　　　）。

A. 30°焊接弯头　　　B. 45°焊接弯头　　　C. 60°焊接弯头　　　D. 90°焊接弯头

15. 控制附件中由阀杆带动启闭件做升降运动而切断或开启管路的有（　　　　）。

A. 闸阀　　　　　　　　　B. 单向阀　　　　　C. 球阀　　　　　D. 截止阀

16. 管道支架按支架材料不同分为（　　　　）。

A. 钢结构　　　　　　　　　　　　　　B. 砖土结构

C. 固定支架　　　　　　　　　　　　　D. 钢筋混凝土结构

17. 活动支架的类型有（　　　　）。

A. 滑动支架　　　　　　　B. 导向支架　　　　C. 滚动支架　　　D. 吊架

18. 支架的安装方法有（　　　）和射钉式安装。

A. 栽埋式　　　　　　　　B. 焊接式　　　　　C. 膨胀螺栓　　　D. 抱箍式

五、简答题

1. 室内给水管道敷设时应满足哪些要求？

2. 室内生活给水、消防给水及热水供应管道安装的一般程序是什么？

11

3. 简述给水立管的安装方法及注意事项。

4. 简述给水塑料复合管水压试验的步骤。

5. 多层建筑室内消火栓灭火系统由哪几部分组成？

6. 自动喷水灭火系统的安装顺序是什么？

7. 消火栓给水管道系统的安装顺序是什么？

8. 自动喷水灭火系统由哪些部分组成？有哪些种类？

9. 简述中水的概念及用途。

10. 简述水泵的安装程序。

11. 简述水箱安装质量检验方法。

12. 简述支架的作用。

13. 固定支架的受力特点是什么？

14. 导向支架的作用是什么？

15. 简述支架的安装要求。

建筑内部排水系统

【知识、技能要求】

1. 具有认知室内排水系统常用管材、管件和卫生器具适用条件的能力。
2. 能够认知屋面雨水系统管材与雨水斗类型。
3. 能够理解室内排水管道敷设的要求。
4. 能够根据施工进度协调室内排水管道安装、卫生器具安装与各工种、专业的关系。

【学习重点】

1. 排水体制。
2. 排水系统常用管材及选用。
3. 排水系统常用管件、附件及选用。
4. 卫生器具及选用。
5. 屋面雨水系统的主要类型。
6. 雨水系统的管材与雨水斗。
7. 雨水管道布置要求。
8. 室内排水管道安装的一般规定。
9. 室内排水管道及配件安装要求。
10. 室内排水管道安装程序。
11. 室内排水管道安装的质量控制及允许偏差。
12. 卫生器具安装的基本技术要求。
13. 卫生器具的安装流程。
14. 卫生器具的安装。
15. 卫生器具及给水配件、排水管道安装质量控制及允许偏差。

【学习难点】

1. 排水体制。
2. 排水系统常用管件、附件及选用。
3. 屋面雨水系统的主要类型。
4. 室内排水管道安装的质量控制及允许偏差。
5. 卫生器具及给水配件、排水管道安装质量控制及允许偏差。

 精选例题解析

【例题 2-1】 下列关于化粪池构造要求的叙述中正确的是（   ）。

A. 化粪池格与格之间应设通气孔洞

B. 化粪池进水口不得设置连接井与进水管相接

C. 化粪池出水口应设置拦截污泥浮渣的措施

D. 化粪池的池底和池壁应防止渗漏

解析：正确答案为 A、C、D。

根据《建筑给水排水设计规范》（GB 50015—2003）（2009 年版），选项 A、C、D 分别符合第 4.8.7 条的第 3 款：化粪池格与格、池与连接井之间应设通气孔洞；第 5 款：化粪池进水管口应设导流装置，出水口处及格与格之间应设拦截污泥浮渣的设施；第 6 款：化粪池池壁和池底，应防止渗漏。

【例题 2-2】 下列关于排水横支管布置敷设的叙述中，正确的是（　　）。

A. 不得布置在遇水会引起燃烧、爆炸的原料、产品和设备上面

B. 不得穿越沉降缝、伸缩缝、变形缝，但可以穿越烟道和风道

C. 不得敷设在变配电间和电梯机房内

D. 不得穿越生活饮用水池部位的上方

解析：正确答案为 A、C、D。

根据《建筑给水排水设计规范》（GB 50015—2003）（2009 年版），选项 A、C、D 分别符合第 4.3.5 条：室内排水管道不得布置在遇水会引起燃烧、爆炸的原料、产品和设备的上面；第 4.3.3 条第 3 款：排水管道不得敷设在对生产工艺或卫生有特殊要求的生产厂房内，以及食品和贵重商品仓库、通风小室、电气机房和电梯机房内；第 4.3.4 条：排水管道不得穿越生活饮用水池部位的上方。

【例题 2-3】 下列关于伸顶通气管的设置措施中，正确的是（　　）。

A. 当地积雪厚度为 0.5m，通气管高度为 0.7m

B. 在距离通气管 5m 的地方有一窗户，通气管口与窗顶齐平

C. 屋顶为露天咖啡厅，通气管口高出屋面 2.5m，并设置了避雷针

D. 通气管口设置在阳台的下面

解析：正确答案为 A、B、C。

根据《建筑给水排水设计规范》（GB 50015—2003）（2009 年版），选项 A、B、C 分别符合第 4.6.10 条的第 1 款：通气管高出屋面不得小于 0.3m，且应大于最大积雪厚度，通气管顶端应装设风帽或网罩（注：屋顶有隔热层时，应从隔热层板面算起）；第 2 款：在通气管口周围 4m 以内有门窗时，通气管口应高出窗顶 0.6m 或引向无门窗一侧；第 3 款：在经常有人停留的平屋面上，通气管口应高出屋面 2m，当伸顶通气管为金属管材时，应根据防雷要求设置防雷装置。选项 D 不符合第 4.6.10 条的第 4 款：通气管口不宜设在建筑物挑出部分（如屋檐檐口、阳台和雨篷等）的下面。

【例题 2-4】 下列管材中，适宜作为屋面雨水收集系统雨水管道的管材是（　　）。

A. 不锈钢管　　　　　　B. 钢管　　　　　C. 承压塑料管　　　D. 普通塑料管

解析：正确答案为 A、B、C。

根据《建筑与小区雨水利用工程技术规范》（GB 50400—2006）第 5.3.13 条：雨水管道应采用钢管、不锈钢管、承压塑料管等，其管材接口的工作压力应大于建筑物高度产生的静水压，且应能承受 0.09MPa 负压。

【例题 2-5】 关于中水管道系统，下列做法中错误的是（　　）。

A．中水管道外壁通常应涂成浅绿色

B．中水管道与给水管道平行埋设时，其水平净距不得小于 0.3m

C．公共场所及绿地的中水取水口应设置带锁装置

D．除卫生间以外，中水管道不宜暗装于墙体内

解析：正确答案为 B。

根据《建筑中水设计规范》（GB 50336—2002），选项 A、C 分别符合 8.1.6 条中水管道应采取下列防止误接、误用、误饮的措施中的第 1 款：中水管道外壁应按有关标准的规定涂色和标志；第 3 款：公共场所及绿化的中水取水口应设带锁装置；选项 D 符合 8.1.2 条：除卫生间外，中水管道不宜暗装于墙体内。

选项 B 不符合第 8.1.4 条：中水管道与生活饮用水给水管道、排水管道平行埋设时，其水平净距不得小于 0.5m，交叉埋设时，中水管道应位于生活饮用水给水管道下面，排水管道的上面，其净距均不得小于 0.15m。中水管道与其他专业管道的间距按《建筑给水排水设计规范》中给水管道的要求执行。

 课题1 室内排水系统的分类及组成

一、填空题

1．根据所排污、废水的性质，室内排水系统可以分为＿＿＿＿、＿＿＿＿、＿＿＿＿。

2．一般建筑物内部排水系统由＿＿＿＿、＿＿＿＿、＿＿＿＿、＿＿＿＿、＿＿＿＿五部分组成。

3．排水管道由排水横管、排水立管、＿＿＿＿、＿＿＿＿与＿＿＿＿等组成。

4．排水管道清通装置一般指检查口、＿＿＿＿、＿＿＿＿、＿＿＿＿及＿＿＿＿等设备。

5．排水系统常用的提升设备有＿＿＿＿、＿＿＿＿、＿＿＿＿等。

二、名词解释

1．分流制排水系统：

2．合流制排水系统：

三、简答题

简述通气管的作用。

课题2 室内排水系统常用管材、管件及卫生器具

一、填空题

1. 建筑内部排水系统常用管材主要有_____、_____。
2. 排水铸铁管的抗拉强度不小于_____，其水压试验压力为_____。
3. 建筑排水用塑料管适用于输送_____和_____。其规格用_____表示。
4. 地漏用于收集和排放_____或_____。
5. 洗涤盆是用来_____或_____的卫生器具。

二、判断题（正确的打"√"，错误的打"×"）

1. 坐式大便器宜采用设有大、小便分档的冲洗水箱。（　　）
2. 不得使用一次冲洗水量大于6L的坐便器。（　　）

三、简答题

1. 排水管材如何选用？

2. 简述存水弯的作用。主要类型有哪几种？

3. 洗涤用卫生器具应如何选择？

课题3 屋面雨水排水系统

一、填空题

1. 屋面雨水系统按设计流态可划分为_____、_____、_____。
2. 屋面雨水系统按屋面的排水条件，可分为_____、_____、_____。
3. 檐沟外排水系统由_____、_____和雨水立管（水落管）等组成。
4. 天沟一般以_____、_____、_____为分水线。天沟坡度不小于0.003，天沟一般伸出山墙_____m。
5. 重力流排水系统中多层建筑宜采用_____管材，高层建筑宜采用_____、_____等管材。

二、判断题（正确的打"√"，错误的打"×"）

1. 天沟外排水系统是目前使用最广泛的屋面雨水排除系统，适用于一般居住建筑、屋

面面积较小且造型不复杂的公共建筑和单跨工业建筑。（　　）

2. 屋面雨水内排水系统用于不宜在室外设置雨水立管的多层、高层和大屋顶民用和公共建筑及大跨度、多跨工业建筑。（　　）

3. 压力流排水系统采用内壁较光滑的带内衬的承压排水铸铁管、承压塑料管和钢塑复合管等。（　　）

三、单项选择题 （将正确答案的序号填入括号内）

1. 水落管目前常采用 $\phi 75mm$ 和 $\phi 110mm$ 的 UPVC 排水塑料管、镀锌钢管，间距一般为（　　）m。

A. 2～4　　　　　　　B. 8～16　　　　　　C. 10～18　　　　　D. 12～20

2. 用于压力流排水的塑料管，其管材抗变形压力应大于（　　）MPa。

A. 0.15　　　　　　　B. 0.20　　　　　　C. 0.35　　　　　　D. 0.40

四、简答题

雨水管道布置要求有哪些？

课题4　室内排水系统安装

一、填空题

1. 隐蔽或埋地排水管道在_____前必须做_____试验。

2. 生活污水管道使用_____、_____、_____等管材。

3. 在转角小于135°的污水横管上，应设置_____或_____。

4. 卫生器具按使用功能分为_____、_____、_____、_____四大类。

5. 化粪池应设在室外，外壁距建筑物外墙不宜小于_____，并不得影响建筑物基础；化粪池外壁距室外给水构筑物外壁宜有不小于_____的距离。

6. 污水横管的直线管段，应按设计要求的距离设置_____或_____。

二、判断题 （正确的打"√"，错误的打"×"）

1. 两层建筑的排水立管每层都必须设置检查口。（　　）

2. 排水通气管敷设时不得穿越风管或烟道。（　　）

3. 未经消毒处理的医院含菌污水，可以直接排入城市排水管道。（　　）

4. 排出管不宜过长，一般检查井中心至建筑外墙不小于3m，不大于10m。（　　）

5. 卫生器具安装完毕后应做满水和通水试验。（　　）

6. 暗装于管道井内的立管，若穿越楼板处未能形成固定支架时，应每层设置1个固定支架。（　　）

7. 排水主立管应做通球试验，水平管道可以不做通球试验。（　　）

8. 雨水管可以与生活污水管相连接。（　　）

9. 室内雨水管道安装后，应做灌水试验。（　　　）

10. 埋地排水管道穿越地下室外墙时，应采取防水措施。（　　　）

三、单项选择题（将正确答案的序号填入括号内）

1. 排水塑料管必须按设计要求及位置设伸缩节，当设计无要求时，伸缩节间距不大于（　　　）m。

A. 1.0　　　　　　　B. 2.0　　　　　　　C. 3.0　　　　　　　D. 4.0

2. 检查口中心高度距操作地面一般为（　　　）m。

A. 1.2　　　　　　　B. 1.1　　　　　　　C. 1.0　　　　　　　D. 0.5

3. 在连接2个及2个以上大便器或3个及3个以上卫生器具的污水横管上应设置（　　　）。

A. 检查口　　　　　B. 清扫口　　　　　C. 地漏　　　　　　D. 伸缩节

4. 雨水管应做灌水试验，其灌水高度规定为（　　　）。

A. 到±0.00　　　　B. 到雨水斗　　　　C. 2.0m　　　　　　D. 到地漏

5. 排水横管管径≤80mm时，预留孔洞尺寸为（　　　）。

A. 300mm×250mm　　　　　　　　　B. 250mm×200mm

C. 200mm×200mm　　　　　　　　　D. 150mm×150mm

6. 饮食业工艺设备引出的排水管及饮用水水箱的溢流管，不得与污水管道直接连接，并应留出不小于（　　　）mm的隔断空间。

A. 100　　　　　　　B. 250　　　　　　　C. 200　　　　　　　D. 150

7. 立管管件的承口外侧与墙饰面的距离宜为（　　　）mm。

A. 10~20　　　　　　B. 20~50　　　　　　C. 50~70　　　　　　D. 70~100

8. 排水支管与横管连接点至立管底部水平距离不得小于（　　　）m。

A. 1.2　　　　　　　B. 1.1　　　　　　　C. 1.5　　　　　　　D. 0.5

9. 管道穿越建筑基础预留孔洞时，管顶上部净空不宜小于（　　　）mm。

A. 100　　　　　　　B. 250　　　　　　　C. 200　　　　　　　D. 150

10. 埋地塑料管安装完毕后必须做灌水试验，符合要求后方可回填。回填土每层厚度宜为（　　　）m。

A. 0.2　　　　　　　B. 0.1　　　　　　　C. 0.15　　　　　　D. 0.3

11. 伸顶通气管在最冷月平均气温低于-13℃的地区，应在室内平顶或吊顶以下（　　　）m处将管径放大一级。

A. 0.2　　　　　　　B. 0.3　　　　　　　C. 0.5　　　　　　　D. 0.7

12. 非上人屋面，通气管高出屋面不得小于（　　　）m，且应大于最大积雪厚度。

A. 0.2　　　　　　　B. 0.3　　　　　　　C. 0.5　　　　　　　D. 0.7

13. 在经常有人停留的平屋面上，通气管口应高出屋面（　　　）m，并应根据防雷要求考虑防雷装置。

A. 1.0　　　　　　　B. 1.5　　　　　　　C. 1.8　　　　　　　D. 2.0

14. （　　　）在穿楼板时不需要套管。

A. 采暖管道　　　　B. 排水管道　　　　C. 给水管道　　　　D. 燃气管道

四、多项选择题（将正确答案的序号填入括号内）

1. 塑料排水立管在底部宜设（　　　　　）。

19

A. 清扫口　　　　　　B. 检查口　　　　　　C. 支墩　　　　　　D. 固定设施

2. 金属排水管上的吊钩或卡箍的固定件间距：横管及立管应不大于（　　　）m。

A. 1.0　　　　　　　B. 2.0　　　　　　　C. 2.5　　　　　　D. 3.0

3. 通向室外的排水管，穿过墙壁或基础必须下返时，应采用（　　　）连接，并应在垂直管段顶部设置清扫口。

A. 45°三通　　　　　B. 45°弯头　　　　　C. 90°三通　　　　　D. 90°弯头

4. 立管与排出管连接，应采用（　　　）。

A. 两个 45°弯头　　　　　　　　　　B. 45°弯头

C. 曲率半径大于 4 倍管径的 90°弯头　　D. 90°弯头

5. 生活污水立管上的检查口应（　　　）。

A. 每一层设置一个　　　　　　　　　B. 每隔一层设置一个

C. 在最底层必须设置一个　　　　　　D. 在有卫生器具的最高层必须设置一个

6. 排水铸铁管道承插连接，接口以（　　　）填充，用水泥或石棉水泥打口。

A. 麻丝　　　　　　　B. 石棉绳　　　　　C. 塑料薄膜　　　　　D. 玻璃布

7. 塑料排水立管在（　　　）应设置检查口。

A. 底层　　　　　　　B. 每层　　　　　　C. 楼层转弯时　　　　D. 最高层

8. 塑料排水立管安装前应先按立管布置位置在墙面画线，安装（　　　）。

A. 固定支架　　　　　　　　　　　　B. 滑动支架

C. 支墩　　　　　　　　　　　　　　D. 采取牢固的固定措施

五、简答题

1. 简述室内排水管道安装程序。

2. 简述卫生器具的安装程序。

3. 卫生器具交工前应做哪些试验？如何检验？

供暖系统

【知识、技能要求】

1. 具有认知供暖系统的组成和分类以及判别其适用条件的能力。
2. 具有认知高层建筑热水供暖系统的系统形式分类，以及判别其适用条件的能力。
3. 具有认知蒸汽供暖系统的系统形式及其适用条件的能力。
4. 能够理解室内供暖管道安装的程序和技术要求。
5. 能够理解散热器、膨胀水箱安装的程序和技术要求。
6. 具有认知各种排气装置、除污器、温控装置和热计量装置的能力。
7. 能够理解低温热水地面辐射、发热电缆地面辐射供暖系统施工的程序和技术要求。
8. 能够认知地源热泵系统、室内燃气管道系统安装程序和要求。
9. 能根据施工进度协调室内供暖管道安装，散热器、膨胀水箱安装，地面辐射供暖系统施工。
10. 室内燃气管道系统安装与土建施工的工种配合和专业关系。

【学习重点】

1. 热水供暖系统的特点。
2. 热水供暖系统的分类。
3. 水平式热水供暖系统的分类。
4. 高层建筑热水供暖系统的分类。
5. 蒸汽供暖系统的系统形式。
6. 室内供暖管道安装的基本技术要求。
7. 散热器、膨胀水箱、排气装置、除污器、温控与热计量装置的分类及安装要求。
8. 地面辐射供暖系统的材料、施工技术要求。
9. 地源热泵系统的组成、分类、施工技术要求。
10. 室内燃气管道系统的组成、分类、系统施工技术要求。

【学习难点】

1. 机械循环热水供暖系统垂直式系统、水平式系统的特点。
2. 高层建筑热水供暖系统的系统形式。
3. 双管下供下回式系统的敷设划分。
4. 室内供暖管道安装的基本技术要求。
5. 膨胀水箱的配管。
6. 各种温控装置的安装位置。
7. 低温热水地面辐射供暖系统施工。

8. 发热电缆地面辐射供暖系统施工。

9. 地源热泵系统施工技术要求。

10. 室内燃气管道系统施工技术要求。

精选例题解析

【例题 3-1】 下列室内采暖系统主干管中，哪一项不需要保温？（   ）

A. 不通行地沟内的供水、回水管道

B. 高低压蒸汽管道

C. 车间内蒸汽凝结水管道

D. 通过非采暖房间的管道

解析：正确答案为 C。

根据《采暖通风和空气调节设计规范》（GB 50019—2003），选项 A、D 符合第 4.8.22 条的第 2 款：管道敷设在地沟、技术夹层、闷顶及管道井内或易被冻结的地方应保温。选项 B 符合第 4.8.22 条的第 1 款：管道内输送的热媒必须保持一定参数，第 4 款：管道的无益热损失较大，这两种情况需要保温。

选项 C，车间内蒸汽凝结水管道不符合第 4.8.22 条中的任一款。

【例题 3-2】 下列哪一项描述是错误的？（   ）

A. 在分水器之前的供水连接管道上，顺水流方向应安装阀门、过滤器、阀门及泄水管

B. 在分水器之前的供水连接管道上，顺水流方向应安装阀门、泄水管、过滤器及阀门

C. 在集水器之后的回水连接管上，应安装泄水管并加装平衡阀或其他可关断调节阀

D. 对有热计量要求的系统应设置热计量装置

解析：正确答案为 B。

根据《地面辐射供暖技术规程》（GJ 142—2004），选项 A、C、D 符合 3.6.2 条：在分水器之前的供水连接管道上，顺水流方向应安装阀门、过滤器、阀门及泄水管。在集水器之后的回水连接管上，应安装泄水管并加装平衡阀或其他可关断调节阀。对有热计量要求的系统应设置热计量装置。

而选项 B 不符合 3.6.2 条，所以 B 选项的描述错误。

【例题 3-3】 某热水采暖系统的采暖管道施工说明，下列哪一项是错误的？（   ）

A. 气、水在水平管道内逆向流动时，管道坡度是 5‰

B. 气、水在水平管道内同向流动时，管道坡度是 3‰

C. 连接散热器的支管管道坡度是 1%

D. 公称管径为 80mm 的镀锌钢管应采用焊接

解析：正确答案为 D。

根据《建筑给水排水及采暖工程施工质量验收规范》（GB 50242—2002），选项 A、B、C 符合第 8.2.1 条，管道安装坡度，当设计未注明时，应符合下列规定：

① 气、水同向流动的热水采暖管道和汽、水同向流动的蒸汽管道及凝结水管道，坡度应为 3‰不应小于 2‰。

② 气、水逆向流动的热水采暖管道和汽、水逆向流动的蒸汽管道，坡度不应小于 5‰。

③ 散热器支管的坡度应为 1%，坡向应利于排气和泄水。

选项 D 不符合第 4.1.3 条：管径小于或等于 100mm 的镀锌钢管应采用螺纹连接；管径大于 100mm 的镀锌钢管应改用法兰或卡套式专用管件连接。第 8.1.2 条：焊接钢管的连接，管径小于或等于 32mm，应采用螺纹连接；管径大于 32mm 采用焊接。

【例题 3-4】 住宅建筑集中采暖系统节能，要求调节、计量装置的做法是下列哪几项？（　　）

A. 设置分户温度调节装置 　　　　　　B. 设置分室温度调节装置
C. 设置分户（单元）计量装置 　　　　D. 预留分户（单元）计量装置的位置

解析：正确答案为 A、B、C、D。

根据《住宅建筑规范》（GB 50368—2005）第 8.3.1 条：集中采暖系统应采取分室（户）温度调节措施，并应设置分户（单元）计量装置或预留安装计量装置的位置。

【例题 3-5】 采暖系统的阀门强度和严密性试验，正确的做法是下列选项中的哪几项（　　）。

A. 安装在主干管上的阀门，应逐个进行试验
B. 阀门强度试验压力为公称压力的 1.2 倍
C. 阀门的严密性试验压力为公称压力的 1.1 倍
D. 最短试验持续时间，随阀门公称直径的增大而延长

解析：正确答案为 C、D。

根据《建筑给水排水及采暖工程施工质量验收规范》（GB 50242—2002）的第 3.2.4 条：阀门安装前，应做强度和严密性试验；试验应在每批（同牌号、同型号、同规格）数量中抽查 10%，且不少于一个；对于安装在主干管上起切断作用的闭路阀门，应逐个做强度和严密性试验。第 3.2.5 条：阀门的强度和严密性试验，应符合以下规定：阀门的强度试验压力为公称压力的 1.5 倍；严密性试验压力为公称压力的 1.1 倍；试验压力在试验持续时间内应保持不变，且壳体填料及阀瓣密封面无渗漏；阀门试压的试验持续时间应不少于表 3.2.5 的规定。

选项 C、D 符合规范要求，选项 A 应为切断阀门；选项 B 应为 1.5 倍。

课题1　供暖系统的组成及分类

一、填空题

1. 供暖系统主要由 _____ 、_____ 和 _____ 三部分组成。

2. 水温低于或等于 100℃ 的热水叫 _____，水温大于 100℃ 叫 _____。

二、判断题（正确的打"√"，错误的打"×"）

高温水供暖系统宜用于工业厂房内，设计供回水温度为（110～130℃）/（70～80℃）。（　　）

三、单项选择题（将正确答案的序号填入括号内）

凡热介质平等地分配到全部散热器，并从每组散热器冷却后，直接流回采暖系统的回水（或凝结水）立管中，这样的布置称为（　　）。

A. 水平串联系统 　　　　B. 多管系统 　　　　C. 单管系统 　　　　D. 双管系统

四、多项选择题（将正确答案的序号填入括号内）

1. 供暖系统按作用范围的大小分为（　　　　）。

A. 区域供暖系统　　　　　B. 集中供暖系统　　　C. 局部供暖系统　　　D. 单体供暖系统

2. 供暖系统按散热器连接的供回水立管分为（　　　　）。

A. 三管系统　　　　　　　B. 双管系统　　　　　C. 多管系统　　　　　D. 单管系统

3. 热水供暖系统按循环动力不同可分为（　　　　）。

A. 自然循环系统　　　　　B. 开式循环系统　　　C. 闭式循环系统　　　D. 机械循环系统

五、名词解释

单管系统：

课题2　室内供暖系统的系统形式

一、填空题

1. 高层建筑热水供暖系统的_____式系统可避免楼层过多时双管系统产生的垂直失调现象。

2. 蒸汽供暖系统是利用蒸汽凝结时放出的_____来供暖的。

二、判断题（正确的打"√"，错误的打"×"）

上供上回式系统在每组散热器的出口处，除应安装疏水器外，还应安装止回阀（　　　　）。

三、单项选择题（将正确答案的序号填入括号内）

1. 容易出现远冷近热现象的系统是（　　　　）。

A. 双管系统　　　　　　　B. 同程式系统　　　　C. 异程式系统　　　D. 局部供暖系统

2. 在高压蒸汽供暖系统中，系统供汽管和凝结水干管均设于系统上部（　　　　）。

A. 单管系统　　　　　　　　　　　　　　　B. 上供下回式系统

C. 上供上回式系统　　　　　　　　　　　　D. 双管系统局部供暖系统

四、多项选择题（将正确答案的序号填入括号内）

1. 热水供暖水平式系统的优点是（　　　　）。

A. 管路简单　　　　　　　　　　　　　　　B. 管道穿楼板少

C. 空气排除较麻烦　　　　　　　　　　　　D. 易于布置膨胀水箱

2. 当前我国高层建筑热水供暖系统的常用系统形式有（　　　　）。

A. 单双管混合式系统　　　　　　　　　　　B. 水平垂直管混合式系统

C. 分层式系统　　　　　　　　　　　　　　D. 水平双线式系统

五、名词解释

同程式系统：

课题3 室内供暖管道安装

一、填空题

1. 管道穿越基础、墙和楼板时，应配合土建_____。

2. 穿墙套管应采用_____套管，两端与墙饰面平齐。

3. 供暖系统入口需穿越建筑物基础，因此应_____。

4. 系统的水压试验规定：蒸汽、热水采暖系统，应以系统顶点工作压力加_____MPa做水压试验，同时在系统顶点的试验压力不小于_____MPa。

5. 供暖系统的水压试验规定：使用塑料管及复合管的热水供暖系统，应以系统点工作压力加_____MPa做水压试验，同时在系统顶点的试验压力不小于_____MPa。

二、判断题（正确的打"√"，错误的打"×"）

1. 焊接钢管的连接，管径小于或等于32mm，应采用螺纹连接；管径大于32mm采用焊接。（   ）

2. 散热器支管的坡度应为10％，坡向应有利于排气和泄水。（   ）

3. 方形补偿器应水平安装，并与管道的坡度相反。（   ）

4. 当采暖热媒为110～130℃的高温水时，管道可拆卸件应使用长丝和活接头，不得使用法兰连接。（   ）

5. 穿越楼板的立管，应加设钢套管，穿越卫生间、盥洗间、厕所间、厨房间和楼梯间等易积水房间的套管上端应高出装饰地面50mm。（   ）

6. 供暖管道的最高点与最低点应设排气阀和放水阀。（   ）

7. 焊接钢管管径大于32mm的管道转弯，必须使用专用补偿器。（   ）

8. 供暖总立管的安装位置应正确，穿越楼板应现场开凿孔洞。（   ）

9. 水压试验检验方法：使用钢管及复合管的采暖系统应在试验压力下10min内压力降不大于0.02MPa，然后降至工作压力，应不渗不漏。（   ）

10. 水压试验检验方法：使用塑料管的采暖系统应在试验压力下1h内压力降不大于0.05MPa，然后降压至工作压力的1.15倍，稳压2h，压力降不大于0.03MPa，同时各连接处不渗不漏。（   ）

三、单项选择题（将正确答案的序号填入括号内）

1. 室内供暖管道采用PP-R（无规共聚聚丙烯）管时，应采用（   ）。

A. 丝扣连接   B. 管件连接   C. 焊接连接   D. 热熔连接

2. 散热器支管长度大于（   ）时，应在中间安装管卡或托钩。

A. 1.0m   B. 1.2m   C. 1.5m   D. 2.0m

课题4 散热器与辅助设备

一、填空题

1. 散热器按传热方式又可分为_____型和_____型。

2. 散热设备有_____、_____和_____三类。

3. 低温热水地板辐射采暖系统安装时，盘管在隐蔽前必须做水压试验，试验压力为工作压力的_____倍，但不小于_____MPa。检验方法是稳压 1h 内压力降不大于_____MPa 且不渗不漏。

4. 暖风机是由_____、_____和_____组成的联合机组，

5. 暖风机可分为_____和_____两种。

6. 散热器安装在外窗台下，其中心必须与设计安装位置的中心重合，允许偏差为±_____mm。

7. 集气罐一般是用直径_____mm 的钢管焊制而成的。分为_____和_____。

8. 手动排气阀适用于公称压力 $P\leqslant$_____kPa，工作温度 $t\leqslant$_____℃的热水或蒸汽供暖系统的散热器上。

9. _____用来截留、过滤管路中的杂质和污物，保证系统内水质洁净，防止管路_____。

二、判断题（正确的打"√"，错误的打"×"）

1. 铸铁散热特点是金属耗量小，承压能力较低，制造、安装和运输劳动繁重。（　　）

2. 铝制柱翼散热器具有耐腐蚀，重量轻，热工性能好，使用寿命长，外形美观的特点。（　　）

3. 柱型散热器如挂装，应用中片组装，如采用落地安装，每组至少 2 个足片，超过 14 片时应用 3 个足片。（　　）

4. 散热器组对用的对丝、丝堵和补芯均是反丝。（　　）

5. 集气罐一般设于热水供暖系统供水干管或干管始端的最高处。（　　）

三、单项选择题（将正确答案的序号填入括号内）

热水辐射采暖地板是以不高于（　　）℃的热水作热媒，供回水温差小于等于（　　）℃。

A. 60　10　　　　　　B. 100　20　　　　　C. 50　10　　　　　D. 40　10

四、多项选择题（将正确答案的序号填入括号内）

1. 钢制散热器具有（　　）等优点。

A. 承压能力高　　　　B. 体积小　　　　　C. 重量轻　　　　　D. 外型美观

2. 热水辐射采暖地板的加热管采用（　　）。

A. 交联铝塑复合管（XPAP）　　　　　　B. 交联聚乙烯管（PE-X）

C. 聚丁烯管（PB）　　　　　　　　　　D. 无规共聚聚丙烯管（PP-R）

3. 散热器组对所需的材料有（　　）。

A. 对丝　　　　　　　B. 汽包垫片　　　　C. 丝堵　　　　　　D. 补芯

五、简答题

简述散热器的试压与防腐。

课题 5　地面辐射供暖

一、填空题

1. 地面辐射供暖分为＿＿＿＿＿地面辐射供暖和＿＿＿＿＿地面辐射供暖。

2. 低温热水地面辐射供暖系统材料包括＿＿＿＿＿、＿＿＿＿＿、＿＿＿＿＿及其连接管件和绝热材料等。

3. 加热管应按设计图纸标定的管间距和走向敷设，管间距应大于＿＿＿＿＿，小于等于＿＿＿＿＿。

4. 发热电缆指以供暖为目的、通电后能够发热的电缆，由＿＿＿＿＿、＿＿＿＿＿和＿＿＿＿＿组成。

二、判断题（正确的打"√"，错误的打"×"）

1. 在加热管或发热电缆的铺设区内，严禁穿凿、钻孔或进行射钉作业。（　　）

2. 地面辐射供暖系统未经调试，严禁运行使用。（　　）

3. 发热电缆必须有接地屏蔽层。（　　）

4. 发热电缆的冷热导线接头应安全可靠，并应满足至少 30 年的非连续正常使用寿命。（　　）

5. 埋设于填充层的加热管可以有接头。（　　）

6. 发热电缆应进行遮光包装后运输，不得裸露散装。（　　）

7. 发热电缆安装时，施工的温度不宜低于 3℃；在低于 0℃ 的环境下施工时，现场应采取升温措施。（　　）

8. 发热电缆不得被压入绝热材料中。（　　）

三、单项选择题（将正确答案的序号填入括号内）

1. 加热管与分水器、集水器连接，应采用卡套式、卡压式挤压加紧连接，连接件宜为（　　）材料。

A. 钢质　　　　　　B. 铜质　　　　　　C. 铸铁　　　　　　D. 塑料

2. 连接在同一分水器、集水器上的同一管径的各回路，其加热管的长度（　　）。

A. 宜相等　　　　　B. 不宜相等　　　　C. 宜接近　　　　　D. 宜不相等

四、多项选择题（将正确答案的序号填入括号内）

1. 新建住宅低温热水地面辐射供暖系统，应设置（　　）和（　　）装置。

A. 分户热计量　　　B. 压力表　　　　　C. 温度控制　　　　D. 流量计

2. 加热管的布置宜采用（　　）。

A. 回折型　　　　　B. 平行型　　　　　C. 折角型　　　　　D. 曲线型

3. 发热电缆出厂后严禁（　　），有（　　）的发热电缆严禁敷设。

A. 剪裁　　　　　　B. 外伤　　　　　　C. 破损　　　　　　D. 拼接

五、简答题

1. 简述分水器、集水器的安装要求。

2. 简述低温热水系统的水压试验过程及要求。

3. 简述发热电缆温控器的安装要求。

课题6 地源热泵系统

一、填空题

1. 地源热泵系统由_____、_____和_____组成。
2. 根据地热能交换系统形式的不同，分为_____、_____和_____三种。
3. 地埋管的连接方式有_____和_____。
4. 竖直地埋管换热器的 U 形弯管接头，应选完整的_____，不应采用_____。

二、判断题（正确的打"√"，错误的打"×"）

1. 地源热泵是一种既可供热又可制冷的高效节能供热空调系统。（　　　）
2. 在室外环境温度低于 0℃时不应进行地埋管换热器的施工。（　　　）

三、简答题

1. 地源热泵系统施工前的准备工作有哪些？

2. 灌浆封井的目的是什么？

课题7 室内燃气管道的安装

一、填空题

1. 燃气按来源不同，分为_____、_____和_____三类。
2. 民用建筑室内燃气管道供气压力，公共建筑不得超过_____，居住建筑不得超过_____。
3. 低压燃气管道宜采用_____或_____螺纹连接；中压管道宜采用_____焊接连接。

4. 燃气引入管穿墙前设金属＿＿＿＿＿＿＿接头或＿＿＿＿＿＿＿。

5. 燃气表安装必须平正，下部应有＿＿＿＿＿＿＿；皮膜式燃气表背面距墙净距为＿＿＿＿＿＿＿。

二、判断题（正确的打"√"，错误的打"×"）

1. 住宅燃气引入管应尽量设在厨房内，有困难时也可设在走廊或楼梯间、阳台等便于检修的非居住房间内。（　　　）

2. 室内燃气干管不得穿过防烟楼梯间、电梯间及其前室等房间，但可以穿越烟道、风道、垃圾道等处。（　　　）

3. 燃气立管宜明设，也可设在便于安装和检修的管道竖井内，但应符合要求。（　　　）

4. 室内燃气支管应明设，敷设在过厅或走道的管段须装设阀门和活接头。（　　　）

5. 灶具的软管长度不得超过1.5m，且中间须设有接头和三通分支。（　　　）

6. 室内燃气室内管道采用焊接钢管或无缝钢管时，应除锈后刷两道防锈漆。（　　　）

三、多项选择题（将正确答案的序号填入括号内）

1. 敷设在（　　　）的燃气管道宜采用无缝钢管焊接连接。

A. 燃气引入管　　　　　　　B. 地下室、半地下室和地上密闭房间内的管道

C. 管道竖井和吊顶内的管道　　　D. 屋顶和外墙敷设的管道

2. 室内燃气干管不得穿过（　　　）。

A. 卧室　　　　　　B. 防火墙　　　　　　C. 外墙　　　　　　D. 内墙

四、简答题

简述室内燃气管道的试压、吹扫要求。

室内给水排水及供暖工程施工图

【知识、技能要求】

1. 能够认知室内给排水工程、供暖工程施工图的图例。
2. 能够描述室内给排水工程、供暖工程施工图的内容。
3. 能够理解建筑给排水工程、供暖工程施工图的设计意图。
4. 能够通过建筑给排水工程、供暖工程施工图的识读，协调各专业、工种间的配合。

【学习重点】

1. 给水排水施工图的一般规定。
2. 给水排水施工图常用图例。
3. 室内给水排水施工图。
4. 供暖施工图的一般规定。
5. 供暖施工图常用图例。
6. 室内供暖工程施工图。
7. 室内给水排水施工图的识读。
8. 高层建筑给水排水施工图的识读。
9. 供暖施工图的识读。

【学习难点】

1. 给水排水施工图常用图例。
2. 供暖施工图常用图例。
3. 高层建筑给水排水施工图的识读。
4. 供暖施工图的识读。

精选例题解析

【例题 4-1】 建筑给水（排水）施工图中，系统图包括的内容有哪些？

解析：系统的主要内容有各系统的编号及立管编号、用水设备的编号；管道的走向，与设备的位置关系；管道及设备的标高；管道的管径坡度；阀门种类及位置等。

【例题 4-2】 如何识读室内给水排水施工图？识读时的注意事项有哪些？

解析：应首先对照图纸目录，核对整套图纸是否完整，各张图纸的图名是否与图纸目录所列的图名相吻合，在确认无误后再正式识读。

识读时必须分清系统，各系统不能混读。将平面图与系统图对照起来看，以便相互补充和相互说明，建立全面、完整、细致的工程形象，以全面地掌握设计意图。对某些卫生器具或用水设备的安装尺寸、要求、接管方式等不了解时，还必须辅以相应的安装详图。

识读的方法是以系统为单位。给水系统应按水流方向先找系统的入口，按总管及入口装置、干管、支管、到用水设备或卫生器具的进水接口的顺序识读。

【例题 4-3】 识读图 4-1 某职工宿舍楼卫生间和厨房管道平面图，层数为 3 层。

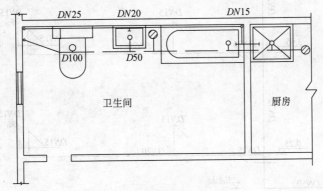

(a) 二、三层管道平面图

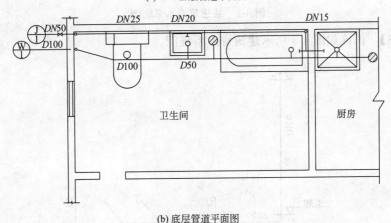

(b) 底层管道平面图

图 4-1　某建筑给排水管道平面布置图

解析：从平面图上可看出各层卫生间内的设置完全相同，各层卫生间内均设有坐式大便器一套、浴盆、洗脸盆各一套，卫生间地面设有地漏一个，厨房内设有污水池和一个地漏，同时还可看出给排水立管的位置。

【例题 4-4】 识读图 4-2 建筑给水系统图。

解析：从系统图中可以看出，给水系统的编号为 J/1，给水引入管径为 50mm，在室外设有一个截止阀，引入管在室外的标高为 −0.800m；给水立管管径在底层为 50mm，至标高 0.250m 处开始分支，此时立管管径变为 32mm，自立管到脸盆一段的横管管径为 25mm，洗脸盆到浴盆的管径改为 20mm，在卫生间内沿墙角升高至标高 0.670m 处转弯后再水平敷设。然后分成两横支管，分支后管径变为 15mm。其中一横支管穿墙后进入厨房，沿墙升高至标高 1.000m 处接洗涤盆水嘴；另一条路接浴盆水嘴。给水立管在标高 3.450m 处立管管径变成 25mm，由此分出的给水横管管径也为 25mm，其走向及各用水器具之间的距离及设置与一层完全相同；给水立管在标高 6.650m 处接给水横管，横管管径、用水器具的设置及走向与一、二层相同。

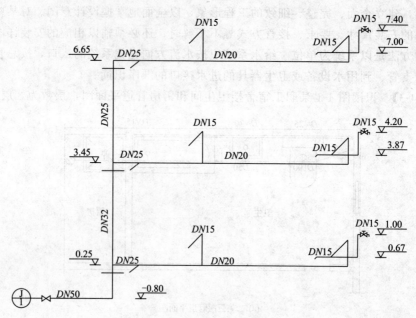

图 4-2　某建筑给水系统图

【例题 4-5】 识读如图 4-3 所示建筑排水系统图。

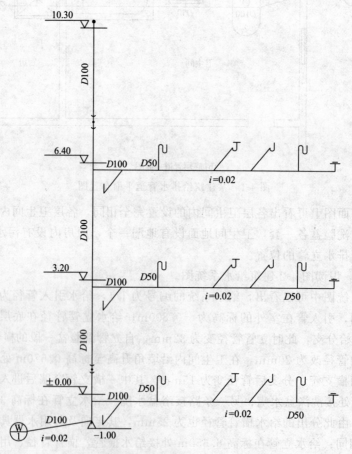

图 4-3　某建筑排水系统图

解析：在排水系统图中，排水系统的编号为 W/1，自顶层通气帽处到最底层的排水立管管径为 100mm；每一层设一根排水横管，排水横管上有洗涤盆、洗脸盆、地漏、大便器、污水池等器具与其相连接；每一层横管的最末端设有清扫口，最底层的清扫口设在地板上，二、三层的清扫口设在横管端部与墙面垂直；各层横管的坡度都为 $i = 0.02$，各层自厨房地漏至大便器的管径为 50mm，排水立管、通气管和排出管以及大便器至立管的管径为100mm，排出管穿越墙标高为 -1.00m。

课题1 室内给水排水施工图

一、填空题

1. 给水排水施工图中的标高均以 _____ 为单位，一般应注写到小数点后第 _____ 位。

2. 室内给水排水施工图一般由 _____ 、 _____ 、 _____ 、 _____ 等几部分组成。

3. 室内给水排水系统图的主要内容有各系统的编号及立管编号、用水设备及卫生器具的编号； _____ ； _____ ；管道及设备的标高；管道的管径、坡度；阀门种类及位置等。

4. 大样图与详图可由设计人员在 _____ 绘出，也可引自有关 _____ ，其内容应反映 _____ 。

二、单项选择题（将正确答案的序号填入括号内）

1. 焊接钢管管径以（　　）表示。

A. 公称直径　　　　　　　　　　　　B. 外径×壁厚

C. 内径×壁厚　　　　　　　　　　　D. 内径

2. 当建筑物给水引入管或排水排出管的数量超过（　　）时，宜进行编号。

A. 1 根　　　　　　　　　　　　　　B. 2 根

C. 3 根　　　　　　　　　　　　　　D. 4 根

3. 铜管、薄壁不锈钢管等管材，管径宜以（　　）表示。

A. 公称直径　　　　　　　　　　　　B. 外径×壁厚

C. 内径×壁厚　　　　　　　　　　　D. 公称外径

4. 建筑给水排水塑料管材，管径宜以（　　）表示。

A. 公称直径　　　　　　　　　　　　B. 外径×壁厚

C. 公称外径　　　　　　　　　　　　D. 内径

5. 钢筋混凝土（或混凝土）管，管径宜以（　　）表示。

A. 公称直径　　　　　　　　　　　　B. 外径×壁厚

C. 内径×壁厚　　　　　　　　　　　D. 内径

表 4-1

序号	图例	名称	序号	图例	名称
1	高 低 ○		4	●	
2			5	平面 ◤◥ 系统 ⊗	
3	⋈		6	⊘	

课题2 供暖施工图

一、填空题

1. 室内供暖工程施工图一般由_____、_____、_____、_____等组成。

2. 供暖平面图主要内容有系统入口位置、干管、立管、支管及立管编号；室内地沟的位置及尺寸；_____；其他设备的位置及型号等。

3. 供暖平面图一般有_____、_____、_____共3张。

二、简答题

1. 室内供暖施工图的设计施工说明应说明哪些内容？

2. 供暖系统图的主要内容有哪些？

三、识别表 4-2 图例

表 4-2

序号	图例	名称	序号	图例	名称
1			4	▨	
2			5		
3			6		

课题3 室内给排水及采暖工程图识读实训

1. 识读如图 4-4 所示某建筑给水系统图。

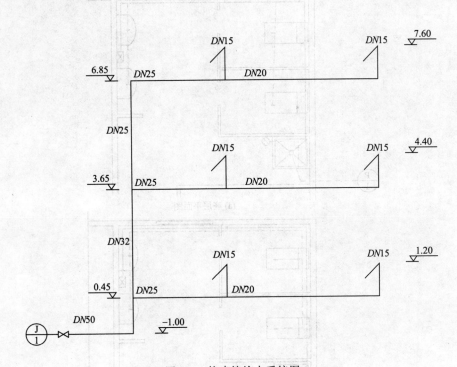

图 4-4　某建筑给水系统图

2. 识读图 4-5 某二层办公楼卫生间平面图。

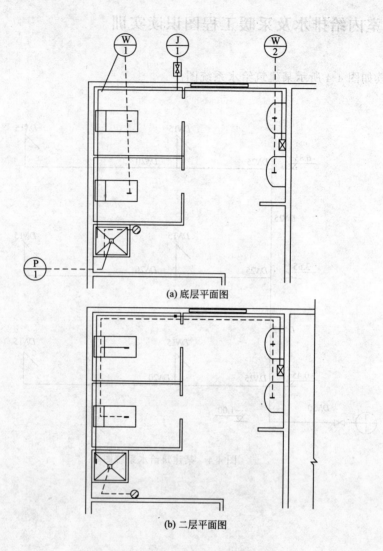

(a) 底层平面图

(b) 二层平面图

图 4-5　某二层办公楼卫生间平面图

3. 识读图 4-6 某建筑采暖系统图。

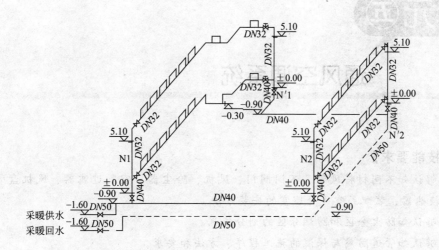

图 4-6　某建筑采暖系统图

单元 ⑤

通风空调系统

【知识、技能要求】

1. 能够认知不同材料风管、不同阀门、风机、除尘器、空气过滤器、风机盘管、诱导器、空气换热器、装配式空气处理室的安装方法。

2. 能够认知防火分区和防烟分区的划分依据。

3. 能够认知管道防腐与保温的施工程序、方法和要求。

4. 能够认知通风空调工程施工图的图例。

5. 能够描述通风空调工程施工图的内容。

6. 能够理解空调施工图的设计意图。

7. 能够理解金属空调箱详图、冷热媒管道施工图的设计意图。

8. 能够认知太阳能空调系统安装程序和要求。

9. 能够识别防火分区、防烟分区隔断与土建的关系。

10. 初步具备协调管道防腐、保温、太阳能空调系统安装与土建施工之间关系的能力。

11. 能够通过金属空调箱详图、冷热媒管道施工图的识读，协调各专业、工种间的配合。

【学习重点】

1. 通风、空调系统的分类。

2. 通风空调管道、阀门、风机、除尘器、空气过滤器、风机盘管、诱导器、空气换热器、装配式空气处理室的安装。

3. 防火分区和防烟分区的划分。

4. 建筑物的防、排烟措施。

5. 管道（设备）防腐施工要求。

6. 管道绝热保温施工程序。

7. 太阳能空调系统的组成、分类、安装。

8. 空调施工图的识读。

9. 冷热媒管道施工图的识读。

【学习难点】

1. 通风空调管道的安装。

2. 风机、除尘器的构造。

3. 装配式空气处理室的安装。

4. 建筑物的防、排烟措施。

5. 管道绝热保温施工程序。

6. 太阳能空调系统安装。

7. 空调施工图的识读。

【例题 5-1】 通风机安装应符合有关规定，下列哪几项是正确的？（　　）

A. 型号规格应符合设计规定，其出口方向应正确

B. 叶轮旋转应平稳，停转后应每次停留在同一位置

C. 固定通风机的地脚螺栓应拧紧，并有防松动措施

D. 通风机传动装置的外露部位以及直通大气的进出口，必须装设防护罩（网）或采取其他安全措施

解析：正确答案为 B、C、D。

根据《通风与空调工程施工质量验收规范》（GB 50243—2002）的第 7.2.1：通风机安装验收的主控项目内容。工程现场对风机叶轮安装的质量和平衡性的检查，最有效、粗略的方法就是盘动叶轮，观察它的转动情况和是否会停留在同一个位置。GB 50243—2002 第 7.2.2 条：为防止由于风机对人的意外伤害，通风机转动件的外露部分和敞口做了强制的保护性措施规定。

选项 A 不符合规范要求。

【例题 5-2】 风管穿越需要封闭的防火墙体时，应设预埋管或防护套管。以下所选钢板厚度的数值，哪些是正确的？（　　）

A. 1.00mm　　　　　B. 1.20mm　　　　　C. 1.75mm　　　　　D. 2.00mm

解析：正确答案为 C、D。

根据《通风与空调工程施工规范》（GB 50738—2011）的第 8.2.1 条：风管穿过需要密闭的防火、防爆的楼板或墙体时，应设壁厚不小于 1.6mm 的钢制预埋管或防护套管，风管与防护套管之间应采用不燃且对人体无害的柔性材料封堵。

【例题 5-3】 不得穿过风管的内腔，也不得沿风管的外壁敷设的管线，应是下列哪些项？（　　）

A. 可燃液体管道　　　B. 可燃气体管道　　　C. 电线　　　　D. 排水管道

解析：正确答案为 A、B。

根据《建筑设计防火规范》（GB 50016—2014）的第 11.1.6 条：可燃气体管道和甲、乙、丙类液体管道不应穿过通风机房和通风管道，且不应紧贴通风管道的外壁敷设。

【例题 5-4】 风管垂直安装，金属管支架距离不应大于（　　）m，非金属管支架间距不应大于（　　）m。

A. 2　3　　　　　B. 3　3　　　　　C. 4　3　　　　　D. 5　4

解析：正确答案为 C。

选项 C 符合《通风与空调工程施工规范》（GB 50738—2011）的第 7.3.4 条的第 7 款。

【例题 5-5】 支、吊架不宜设置在风口、阀门、检查门的自控机构处离风口或接管的距离不宜小于（　　）mm。

A. 100　　　　　B. 200　　　　　C. 300　　　　　D. 400

解析：正确答案为 B。

选项 B 符合《通风与空调工程施工规范》（GB 50738—2011）的第 7.3.6 条的第 2 款：支、吊架不应设置在风口、检查口处以及阀门、自控机构的操作部位，且距风口不应小于 200mm。

课题1 通风空调系统的分类及组成

一、填空题

1. 通风工程是_____、_____、_____、_____以及_____工程的总称。

2. 按通风系统的作用范围不同可分为_____和_____，按工作动力不同可分为_____和_____两种。

3. _____是利用_____产生的风压强制空气流动换气。

4. _____是采用技术手段把室内空气的_____、_____、洁净度和气流速度等参数控制在设计范围内，使其能够满足人体舒适或生产工艺的要求。

5. 空气调节系统是由_____、空气处理设备、_____、室内空气分配装置及调节控制设备等部分组成。

6. 空调工程是_____、_____与_____的总称。

二、简答题

1. 通风工程的任务和作用是什么？

2. 空调的作用是什么？

3. 空气调节系统按空调设备的设置情况怎样分类？各自的特点是什么？

课题2 通风空调系统管道的安装

一、填空题

1. 风管的截面有_____和_____两种。

2. 风管及管件制作前，需画出风管及管件的形状及尺寸，然后画出其展开平面图，并留出_____或_____。

3. 制作矩形风管时，以每块钢板的长度作为一节风管的_____，钢板的宽度作为_____。

    4. 常用的剪切方法有_____和_____两种。

    5. 咬口的种类按接头构造分为_____、双咬口、联合咬口、单角咬口与_____、插条式咬口；根据操作方法又分为_____和_____。

    6. 法兰用于_____及_____、风管与部件之间的延长连接。

    7. 在钢板风管中，矩形法兰用_____制作，圆形法兰当管径小于或等于 280mm 时用_____，其余均用等边角钢制作。

    8. 金属风管的加固一般采用_____和_____。

    9. 支、吊架是风管系统的重要附件，起着控制_____、保证管道的_____、_____的作用。

    10. 通风空调系统常用的支、吊架有_____、_____。

    11. 风管水平安装，直径或边长尺寸小于等于 400mm，间距不应大于_____m；大于 400mm，不应大于_____m。

    12. 设于易燃易爆环境中的通风系统，安装时应尽量减少_____，并设可靠的接地装置。

    13. 风管穿出屋面时应设_____，穿出屋面的垂直风管高度超出_____m 时应设拉索。

    14. 通风空调工程中常用的阀门有蝶阀、多叶调节阀、三通调节阀、_____、_____等。

二、判断题（正确的打"√"，错误的打"×"）

    1. 如果制作风管的板料是普通薄钢板（黑铁皮），下料后要先刷防锈漆后，才能咬口。（　　）

    2. 制作风管薄钢板厚度为 0.5～1.2mm 应用最广泛，可以咬口连接；1.5mm 以上者咬口困难，常采用焊接。（　　）

    3. 在通风空调工程中，型钢常用来制作法兰、支架等。常用的有角钢、扁钢、圆钢、槽钢等。（　　）

    4. 插条式咬口用于矩形风管弯管三通与四通的转角缝。（　　）

    5. 风管除法兰连接形式外，也可采用无法兰连接。无法兰连接矩形风管接口处的四角应有固定措施。（　　）

    6. 当水平悬吊的主干风管长度超过 20m 时，应设置防止摆动的固定点，每个系统不应少于 1 个。（　　）

    7. 对接焊缝主要用于钢板与钢板的纵向和横向接缝以及风管的闭合缝等。（　　）

    8. 风管底部不得设有纵向接缝。（　　）

    9. 采用翻边及翻边铆接形式时，应注意翻边的宽度不得盖住法兰的螺栓孔。（　　）

    10. 有机及无机玻璃钢风管的加固，应为本体材料或防腐性能不同的材料，并与风管成一整体。（　　）

    11. 自重式防火阀要注意叶片的上下方向气流方向标志，不得倒置。（　　）

    12. 具有风量调节功能的防火阀，应在调试过程中调定阀门开度。（　　）

三、单项选择题（将正确答案的序号填入括号内）

    1. 制作圆形风管时，每节管的两端应留出与法兰连接的折边余量，以不盖住法兰的螺栓孔为宜，一般为（　　）mm。

    A. 2～3   B. 3～4   C. 8～10   D. 10～12

2. 咬口连接适用于厚度为（　　）mm 的铝板。

    A. $\delta \leqslant 0.5$ B. $\delta \leqslant 1.0$ C. $\delta \leqslant 1.2$ D. $\delta \leqslant 1.5$

3. 翻边铆接形式适用于（　　）。

    A. 扁钢法兰与壁厚 $\delta \leqslant 1.0$mm 直径 $D \leqslant 200$mm 的圆形风管

    B. 扁钢法兰与壁厚 $\delta \leqslant 1.5$mm 直径较大的风管及配件的连接

    C. 角钢法兰与壁厚 $\delta \leqslant 1.5$mm 直径较大的风管及配件的连接

    D. 角钢法兰与壁厚 $\delta > 1.5$mm 的风管及配件的连接

四、多项选择题（将正确答案的序号填入括号内）

1. 下列选项中符合风管加固规定的有（　　　）。

    A. 矩形金属风管边长大于 630mm、保温风管边长或圆形金属风管（除螺旋风管）直径大于 800mm，管段长度大于 1250mm，均应采取加固措施

    B. 当金属风管的板材厚度大于等于 2mm 时，加固措施可适当放宽

    C. 塑料风管的直径或边长大于 500mm，其风管与法兰的连接处应设加强板，且间距不得大于 450mm

    D. 有机及无机玻璃风管的加固，应为本体材料或防腐性能相同的材料，并与风管成一整体

2. 下列说法正确的是（　　　）。

    A. 输送湿空气的风管应按设计要求的坡度和坡向进行安装

    B. 风管内不得设其他管道，不得将电线、电缆以及给水、排水和供热等管道安装在通风空调管道内

    C. 拉索可固定在法兰上，但严禁拉在避雷针、网上

    D. 风管支吊架不宜设置在风口、阀门、检查门的自控机构处，离风口或接管的距离不宜小于 200mm

    E. 在风管配件及部件已按加工安装草图的规划预制加工，风管支架已安装的情况下，风管的安装则可以进行

3. 圆形风管符合（　　　）条件应采取加固措施。

    A. 直径大于或等于 800mm   B. 管段长度大于 1250mm

    C. 总表面积大于 4m²   D. 边长大于 500mm

4. 风管及支、吊架均应按设计要求进行防腐。通常防腐的方法有（　　　）。

    A. 涂刷底漆两道   B. 涂刷面漆两道

    C. 保温风管刷底漆两道   D. 保温风管不刷底漆两道

五、简答题

1. 通风空调系统常用的管材有哪些？

2. 试说明风管的加工制作包括哪些过程？

3. 风管的安装分为哪两部分？应如何操作？

4. 蝶阀安装时，有哪些要求？

课题3 通风空调系统设备的安装

一、填空题

1. 砖墙内安装风机时，将风机嵌入预留孔洞内，用木塞或碎砖将风机轴或底座_____，风机机壳与墙洞缝隙_____。并用_____辅助以碎石将风机与墙洞间的环形缝隙填实。

2. 柔性短管长度一般为_____mm，装于_____，防止风机振动而引起_____。

3. 常用的消声器有_____、_____、_____等。

4. 常用除尘器有_____、_____、_____、_____等。

5. 除尘器安装应位置正确，_____，_____符合设计要求，_____不大于允许偏差。

6. 过滤器串联安装时，应按空气依次通过_____、_____、_____过滤器的顺序安装，_____过滤器可并联使用。

7. 过滤器与框架、框架与维护结构之间应_____。

8. 风机盘管或诱导器是_____空调系统的末端装置，设于_____。

9. 安装风机盘管时，要使风机盘管_____，各连接处应_____，盘管与冷热媒管道应在连接前_____，以免_____。

10. 安装诱导器时，出风口或回风口的百叶格栅有效通风面积不能小于_____，凝水管应_____。

11. 用于冷却空气的热交换器称为_____，其安装时在下部应设有_____。

二、判断题（正确的打"√"，错误的打"×"）

1. 离心式和轴流式风机都可安装在支架上。（　　）

2. 不同型号、不同传动方式的轴流式风机都可以安装在混凝土基础上。（　　）

3. 轴流式风机安装在砖墙内有甲、乙、丙三种形式，其中甲、乙型为无机座安装，丙型为带支座安装。（　　）

4. 一般的空调系统通常只设置粗效过滤器。（　　）

43

5. 对空气的净化处理主要靠除尘器来实现。（　　　）

6. 装配式空气处理室安装时先做好混凝土基础，并将其吊装至基础上固定，安装应水平，与冷热媒等各管道的连接应正确无误，严密不渗漏。（　　）

7. 风机盘管机组中的盘管是一种表面式换热器。（　　）

三、多项选择题（将正确答案的序号填入括号内）

1. 关于除尘器下列叙述正确的有（　　　　）。

A. 除尘器的排灰阀、卸料阀、排泥阀的安装必须严密，并便于操作维修

B. 整体安装用于冲击式湿法除尘机组和脉冲袋式除尘机组等

C. 旋风除尘器是在地面钢支架上的安装

D. 脉冲袋式除尘机组安装时是靠机组的支承底盘或支承脚架支承在地面基础的地脚螺栓上

2. 关于过滤器下列叙述正确的有（　　　　）。

A. 粗效过滤器用玻璃纤维滤纸或石棉纤维滤纸等材料制成

B. 中效过滤器用中细孔泡沫或涤纶无纺布材料制成

C. 中效过滤器用的是袋式过滤器

D. 框架式过滤器应无可见缝隙，并要便于拆卸和更换滤料

3. 下列说法正确的是（　　　　）。

A. 肋片管型空气热交换器是表面式换热器，该设备构造简单，水质要求低

B. 空气加热器是用热水或蒸汽作为热媒

C. 表面式冷却器以冷水或制冷剂作为冷媒

D. 空气热交换器有两排和四排两种安装形式

E. 空气热交换器安装时常用砖砌或焊制角钢支座支承

四、简答题

1. 简述轴流风机在墙内安装的要点。

2. 风机在基础上的安装有哪几种形式？离心式风机又有哪几种基础形式？

3. 简述风机盘管的安装步骤与方法。

课题4 高层建筑防烟排烟

一、填空题

1. 防火分区之间用_____、_____和耐火楼板进行隔断。

2. 高层建筑发生火灾时，建筑物内部人员的疏散方向为：房间→走廊→_____→_____→室外。

3. 高度在_____以上的建筑物由于人员疏散比较困难，因此还应设有_____或_____对其应设置防烟设施。

4. 防烟设施应采用可开启外窗的_____或_____。

5. 机械排烟是通过降低_____、_____、_____或地下室的压力将着火时产生的烟气及时排出建筑物。

6. 防火防排烟的阀门种类很多，根据功能主要分为防火阀、_____、_____三大类。

7. 空调系统带冷（热）源的正常联合运转不应少于_____。

8. 通风与空调系统总风量调试结果与设计风量的偏差不应大于_____，空调冷热水冷却水总流量测试结果与设计流量偏差不应大于_____。

二、判断题（正确的打"√"，错误的打"×"）

1. 在高层建筑设计时，将建筑平面和空间划分为若干个防火分区与防烟分区。（　　）

2. 如建筑内设有上下层相连接的走廊、自动扶梯等开口部位时，不应把连通的部分作为一个防火分区考虑。（　　）

3. 每个防烟分区建筑面积不宜超过 500m²。（　　）

4. 排烟风机应保证在 280℃时能连续工作 30min。（　　）

5. 防火阀一般安装在通风空调管道穿越防烟分区外，平时开启，火灾时关闭用以切断烟、火沿风道向其他防火分区蔓延。（　　）

6. 系统联合试运转时，设备及主要部件联动必须协调，动作正确，无噪声。（　　）

7. 通风系统经过平衡调整，各风口或吸风罩的风量的偏差不应大于 15％。（　　）

三、名词解释

1. 自然排烟：

2. 机械加压送风：

四、简答题

1. 什么情况下采用自然排烟？

2. 建筑中哪些部位应设置独立的机械排烟设施？

课题5 管道防腐与保温

一、填空题

1. 管道与设备表面应做_____和_____处理。

2. 涂料防腐的一般要求是对明装管道与设备刷一道_____、两道面漆；对保温及防结露管道与设备刷两道防锈漆，不刷_____。

3. 涂料的作用是：_____、_____、_____和_____。

4. 除锈方法有：_____、_____和_____。

5. 防潮层应严密，厚度均匀，不能有_____、_____和_____等缺陷。

6. 管道保温结构由_____、_____和_____三个部分组成。

二、判断题（正确的打"√"，错误的打"×"）

1. 对暗装管道不刷面漆，只刷两道防锈漆。（　　　）

2. 保温材料的种类及保温厚度应由施工单位确定，使用时应根据厂家产品说明书要求操作。（　　　）

3. 保温结构层应符合设计要求，一般由绝热层、防潮层和保护层组成。（　　　）

4. 有防潮层的保温管可以用自攻螺栓固定。（　　　）

三、单项选择题（将正确答案的序号填入括号内）

1. 表面处理合格后，应在（　　　）h内涂罩第一层漆。

A. 0.5　　　　　　　B. 1.0　　　　　　　C. 1.5　　　　　　　D. 3.0

2. 保温施工应在除锈、防腐和系统（　　　）后进行。

A. 试水　　　　　　B. 安装完毕　　　　C. 检查合格　　　　D. 试压合格

3. 在玻璃布保护层的施工中，玻璃布最外面要有（　　　）。

A. 刷调合漆　　　　B. 钢丝绑扎　　　　C. 沥青冷底子油　　D. 石油沥青油毡

四、多项选择题（将正确答案的序号填入括号内）

1. 涂刷防腐层有（　　　）方式。

A. 手工涂刷　　　　B. 机械涂刷　　　　C. 成品粘贴　　　　D. 砌筑

2. 管道与设备表面锈蚀，可采用（　　　）方法除去其表面的氧化皮和污垢。

A. 手工　　　　　　B. 化学　　　　　　C. 机械　　　　　　D. 生物

3. 保温层施工方法有（　　　）。

A. 预制法　　　　　B. 涂抹法　　　　　C. 填充法　　　　　D. 缠包法

五、简答题

1. 管道与设备的防腐作用是什么？

2. 简述防腐作业的注意事项。

3. 常用的防腐措施有哪些？

4. 简述管道与设备保温的一般规定。

5. 在保温施工方法中，棉毡缠包法是如何操作的？

6. 简述玻璃布保护层的施工方法。

课题6 太阳能空调系统

一、填空题

1. 太阳能空调是利用先进的超导传热贮能技术，集成了_____、_____、_____等优点的、高效节能的冷暖空调系统。

2. 太阳能空调系统由_____、_____、_____、空调末端系统、辅助能源系统以及控制系统六部分组成。

3. 太阳能空调系统分为_____、_____两种系统。

二、判断题（正确的打"√"，错误的打"×"）

1. 太阳能空调系统安装完毕后，在管道保温之前，应对压力管道、设备及阀门进行水压试验。（　　）

2. 太阳能空调系统的水压试验压力为工作压力的1.1倍。非承压管路和设备应做灌水试验。（　　）

3. 吸收式和吸附式制冷机组安装完毕后应进行水压试验。（　　）

4. 太阳能空调系统水压试验合格后，应对系统进行冲洗直至排出的水不浑浊为止。（　　）

5. 系统安装完毕投入使用前，应进行系统调试，系统调试应在设备、管道、保温、配套电气等施工全部完成后进行。（　　）

6. 系统联动调试完成后，系统应连续 5d 试运行。（　　　）

课题 7　通风空调工程施工图

一、填空题

1. 通风空调工程图纸部分包括通风空调系统平面图、_____、_____、_____、_____等。

2. 通风空调系统的风管系统平面图包括风管系统的构成、布置及风管上各部件、设备的位置，并注明_____及_____的空气流向。

3. 通风空调系统的水管系统平面图包括_____、_____的构成、布置及水管上各部件、仪表、设备位置等，并注明各管道的_____、_____。

4. 通风空调机房平面图一般包括_____、_____、_____、_____等内容。

5. 通风空调系统剖面图主要有_____、_____、_____等。

6. 标高对矩形风管为_____，对圆形风管为_____。

7. 识读通风空调系统施工图时，要把握风系统与水系统的_____和_____，要搞清系统，摸清环路，_____阅读。

8. 对空调送风系统而言，处理空气的空调需供给_____、_____或_____。

9. 安装_____的房间称为制冷机房。制冷机房制造的冷冻水，通过管道送至机房内的_____中，使用过的冷水则需送回机房经处理后_____。

二、判断题（正确的打"√"，错误的打"×"）

1. 风管系统的平面图用双线绘制。（　　　）

2. 通风空调系统图可用单线也可用双线绘制。（　　　）

3. 风管规格对矩形风管用"长×宽"表示，单位均为 mm。（　　　）

4. 通风空调工程的工艺流程图和系统图都无比例。（　　　）

三、多项选择题（将正确答案的序号填入括号内）

1. 通风空调系统设计施工说明包括的内容有（　　　）。

A. 系统采用的设计气象参数

B. 房间的设计条件，如冬季、夏季空调房间的空气温度、相对湿度、平均风速、新风量等

C. 系统的划分与组成（系统编号、服务区域、空调方式等）

D. 风管材料及加工方法

2. 关于通风空调系统剖面图说法正确的是（　　　）。

A. 只有剖面图才能表示出建筑物内的风管、附件或附属设备的立面位置和安装的标高尺寸

B. 剖面图上表示风管部件及附属设备制作和安装的具体形式和方法，是确定施工工艺的主要依据

C. 剖面图能说明空调房间的设计参数、冷热源、空气处理及输送方式

D. 剖面图应与平面相互对照进行识读

3. 正确的通风系统施工图识读顺序是（　　　）。

A. 送风系统：送风口→总管→立管→支管→进风口
B. 送风系统：进风口→总管→立管→支管→送风口
C. 排风系统：吸风口→支管→立管→总管→排风口
D. 排风系统：排风口→支管→立管→总管→吸风口

四、简答题

1. 通风空调系统平面图有哪些内容？

2. 空调水管系统包括哪些？

五、识别下列图例（表 5-1）

表 5-1

序号	图例	名称	序号	图例	名称
1	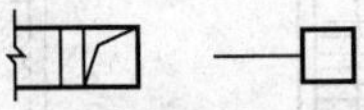		5	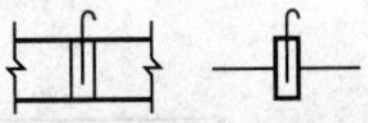	
2	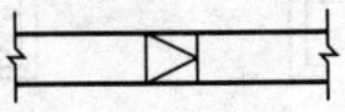		6	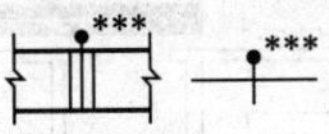 *** ***	
3	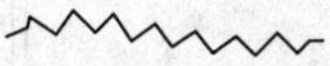		7		
4	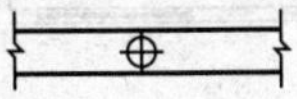		8		

课题8 通风空调工程施工图识读实训

一、简答题

简述识读通风空调系统施工图的方法。

二、识图题

识读如图 5-1 所示的某建筑空调系统平面图，其各楼层系统布置相同。

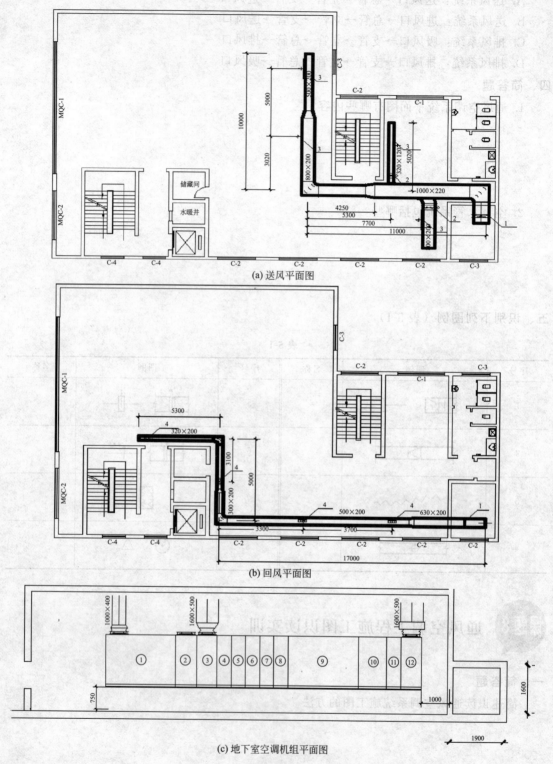

(a) 送风平面图

(b) 回风平面图

(c) 地下室空调机组平面图

图 5-1　某建筑空调系统平面图

1—防火调节阀；2—风量调节阀；3—送风口；4—回风口

建筑设备学习指导与练习

三、绘图题

绘制某商场或大型超市的通风空调系统的平面图和系统图。

建筑电气设备和系统

【知识、技能要求】

1. 具有认知建筑电气系统的分类、组成的能力。

2. 具有认知建筑电气设备的分类、作用以及判别其适用条件的能力。

3. 具备选择低压电器设备的能力。

4. 具备辨识常用导线及电缆，熟悉其表示方法、特点及判别其使用场所的能力。

5. 能够认知三相电力变压器的类型，掌握安装注意事项，能根据施工进度协调变压器安装与土建施工的工种配合和专业之间的衔接关系。

6. 能够理解火灾自动报警及消防联动系统的特点。

7. 能够认知共用天线系统和电话交换系统的组成和特点。

【学习重点】

1. 建筑电气系统的组成。

2. 建筑电气设备的组成。

3. 常用低压电器设备的种类和适用条件。

4. 常用导线及电缆的种类和适用条件。

5. 三相电力变压器的类型。

6. 三相电力变压器的安装注意事项。

7. 火灾自动报警及消防联动系统的组成和特点。

8. 共用天线系统和电话交换系统的组成和特点。

【学习难点】

1. 常用低压电器设备的选择。

2. 三相电力变压器的安装注意事项。

3. 常用导线及电缆的性能特点和用途。

精选例题解析

【例题 6-1】（判断）无铠装的电缆适用于室内、电缆沟内、电缆桥架内和穿管敷设，可以承受压力和拉力。（　　）

解析：正确答案为×。

电力电缆是用来输送和分配大功率电能的导线。通常采用导电性能良好的铜、铝作为缆芯；绝缘层用高绝缘的材料保证芯线之间绝缘，要求绝缘性能良好，有一定耐热性能；保护层用于保护绝缘层和缆芯，分为内护层和外护层两部分，内护层用于保护绝缘层不受潮气侵入并防止电缆浸渍剂外流，外保护层用来保护内保护层不受外力机械损伤和化学腐蚀；电缆外护层具有"三耐"和"五防"功能。电力电缆又设有铠装和无铠装电缆，无铠装电缆适用于室内、电缆沟内、电缆桥架内和穿管敷设，但不可承受压力和拉力。钢带铠装电缆适用于直埋敷设，能承受一定的正压力，但不能承受拉力。

【例题 6-2】 （判断）变压器的内部损耗包括铜耗和铁耗。铜耗 P_{Cu} 是电流流过一次、二次绕组时在绕组电阻上消耗的电功率。（　　）

解析：正确答案为√。

变压器的效率是指变压器输出有功功率 P_2 与输入有功功率 P_1 之比，一般用百分数表示。变压器效率与内部损耗密切相关。变压器的内部损耗包括铜耗和铁耗。铜耗 P_{Cu} 是电流流过一次、二次绕组时在绕组电阻上消耗的电功率。铁耗 P_{Fe} 主要取决于电源频率和铁心中的磁通量。变压器运行时，内部损耗转换成热能，使绕组和铁心发热。

【例题 6-3】 （判断）变压器油是可燃性的，所以不能在独立式变电所和厂房附设式变电所中选用，在高层民用建筑内严禁使用。（　　）

解析：正确答案为×。

油浸式变压器的铁芯和绕组均浸入灌满了变压器油的油箱中，具有绝缘电压高、性能稳定、成本低等特点，在电力系统中广泛应用。但因为变压器油是可燃性的，所以只能在独立式变电所和厂房附设式变电所中选用，在高层民用建筑内严禁使用。硅油变压器在采取消防措施后，可以进入大楼。

【例题 6-4】 用作保护地线的导线颜色是（　　）。

A. 黄色　　　　　　　B. 淡蓝色　　　　　C. 黄绿色　　　　D. 蓝绿色

解析：正确答案为 C。

建筑电气系统中用特定的颜色标示不同的线路：黄色表示 A 相，绿色表示 B 相，红色表示 C 相，淡蓝色表示零线，黄绿色表示保护地线。

【例题 6-5】 解释导线型号的含义：$VV_{22}-3×50-10-500$

解析：完整的电缆表示方法是型号、芯数×截面、工作电压、长度。如 $VV_{22}-4×70+1×25$ 表示 4 根截面为 $70mm^2$ 和 1 根截面为 $25mm^2$ 的铜芯聚氯乙烯绝缘钢带铠装聚氯乙烯护套电力电缆；$VV_{22}-3×50-10-500$，即表示聚氯乙烯绝缘细钢带铠装聚氯乙烯护套电力电缆，3 芯 $50mm^2$ 电力电缆，工作电压为 10kV，电缆长度为 500m。

课题1　建筑电气设备、系统的分类及基本组成

一、填空题

1. 智能建筑的特点是利用先进的技术对楼宇进行控制、通信和管理，强调实现楼宇三个方向自动化的功能，即_____、_____、_____。

2. 共用天线电视系统一般由_____、_____、_____和用户终端组成。

3. 共用天线传输分配系统由线路_____、_____、_____和传输电缆等组成。

4. 共用天线电视系统的安装主要包括_____、_____、_____和系统防雷接地等。

5. 用户盒分明装和暗装，明装用户盒可直接用_____和_____固定在墙上。

6. 电视天线防雷与建筑物防雷采用一组接地装置，接地装置做成_____，接地引下线不少于_____。

7. 同轴电缆的种类有：_____、_____、物理高发泡同轴电缆。

8. CATV系统的调试包括以下内容：_____、_____、干线系统调试、调试分配系统、验收。

9. 火灾自动报警系统由_____、_____和_____等部分组成。

10. 高层建筑常用的湿式消防系统，主要包括_____、_____和_____。

11. 火灾探测器的类型主要感烟式、感温式、感光可燃、_____、_____等主要类型。

12. 感温火灾探测器响应_____、_____、_____等火灾信号。

13. 感光火灾探测器主要对火焰辐射出的_____、_____、_____予以响应。

14. 火灾报警控制器按其用途分为_____、_____和通用报警器。

15. 建筑物的广播音响系统一般有三种基本类型：_____、_____、专用的会议系统。

16. 广播音响系统一般由_____、_____、_____及扬声器系统组成。

17. 通信网络系统由_____、_____、_____及紧急广播系统等各子系统及相关设施组成。

18. 电话交换系统由_____、_____、_____三部分组成。

19. 程控交换机主要由_____、_____、_____三部分组成。

20. 程控交换机预先把_____编成程序集中存放在_____中，然后由程序自动执行控制交换机的交换连续动作，从而完成用户之间的通话。

21. 电话通信设备包括_____、_____、电话机。

22. 在宽度小于3m的内走道顶棚上，感烟探测器间距不应超过_____m，感温探测器的间距不应超过_____m。

23. 建筑物的电话线路包括_____、_____、_____三部分。

二、简答题

1. CATV系统（共用天线电视接收系统）的组成及功能有哪些？

2. CATV系统的安装包括哪些方面？

3. CATV系统在安装中应注意哪些事项？

建筑设备学习指导与练习

54

4. 简述火灾自动报警系统的组成及功能。

5. 简述火灾探测器类型及用途。

6. 简述区域报警控制器和集中报警控制器的功能。

7. 简述广播音响系统的基本类型和组成。

8. 简述电话传输线路中常用的市话电缆。

9. 现代电话通信网的配线方式有哪些？各有什么特点？

课题2 建筑电气设备的构成及选择

一、填空题

1. 常用导线可分为_____和_____两种。
2. 软裸导线主要用于_____的接线、_____的接线及接地线等。
3. 橡皮绝缘导线主要用于_____敷设。
4. 电缆的基本结构是由_____、_____、_____三部分组成。
5. 母线是用来汇集和分配电流的导体，分为_____和_____。
6. 低压刀开关按其操作方式可分为_____和_____；按其极数分为单极、双极和_____。
7. 低压断路器在电路中用作分、合电路，同时具有_____、_____、失压保护功能，并能实现_____。
8. 低压熔断器是低压配电系统中用于保护电气设备免受_____损害的一种保护电器。
9. 常用的低压熔断器有瓷插式、_____、_____等。

10. 低压配电屏适用于三相交流系统中，额定电压_____V、额定电流_____A 及以下低压配电室的电力及照明配电等。

11. 电磁式漏电保护器是由_____、_____、_____等组成。

12. 变压器是由_____、_____、_____、绝缘套管等组成。

二、判断题（正确的打"√"，错误的打"×"）

1. 建筑电气安装工程室内配线常用的导线是裸导线。（　　）

2. 铝绞线主要用于短距离输配电线路。（　　）

3. 电线、电缆的线芯一般是圆单线。（　　）

4. 裸绞线硬度较高并有足够的机械强度。（　　）

5. 软铜绞线主要用于高、低压架空电力线路。（　　）

6. LGJQ 表示轻型钢芯铝绞线。（　　）

7. 铜芯橡皮线主要用于交流 500V 及以下，直流 1000V 及以下电气设备及照明装置要求电线比较柔软的室内安装。（　　）

8. 塑料绝缘导线具有耐油、耐酸、耐腐蚀、防潮、防霉等特点，常用作 500V 以下室内照明线路。（　　）

9. BVV 表示铝芯塑料护套线。（　　）

10. 阻燃铜芯塑料线主要用于交流电压 500V 以下、直流电压 1000V 以下室内较重要场所固定敷设。（　　）

11. 无铠装的电缆适用于室内、电缆沟内、电缆桥架内和穿管敷设，可以承受压力和拉力。（　　）

12. 钢带铠装电缆适用于直埋敷设，能承受一定的压力和拉力。（　　）

13. 控制电缆用于配电装置、继电保护和自动控制回路中传送控制电流、连接电气仪表及电气元件等。（　　）

14. SYV 表示实芯聚乙烯绝缘射频同轴电缆。（　　）

15. 软母线用在 110kV 及以上的高压配电装置中，硬母线用在工厂高、低压配电装置中。（　　）

16. TMY 表示硬铜母线，LMY 表示硬铝母线。（　　）

17. 刀开关应垂直安装在开关板上，并使动触头在上方。（　　）

18. 低压断路器不宜安装在容易振动的地方。（　　）

19. 低压断路器一般应垂直安装，灭弧罩位于下部。（　　）

20. 铁心是变压器的磁路部分，由硅钢片叠压而成。绕组是变压器的电路部分，用绝缘铜线或铝线绕制而成。（　　）

21. 变压器油是可燃性的，所以不能在独立式变电所和厂房附设式变电所中选用，在高层民用建筑内严禁使用。（　　）

22. 变压器的内部损耗包括铜耗和铁耗。铜耗 P_{Cu} 是电流流过一次、二次绕组时在绕组电阻上消耗的电功率。（　　）

三、单项选择题（将正确答案的序号填入括号内）

1. 用于照明线路的橡皮绝缘导线，长期工作温度不得超过（　　），额定电压≤250V。
   A. ＋50℃　　　　　B. ＋60℃　　　　　C. ＋70℃　　　　　D. ＋80℃

2. ZR-BV 表示（　　）导线。

A. 耐火铜芯塑料线　　　　　　　　　　B. 耐火铝芯塑料线

C. 阻燃铜芯塑料线　　　　　　　　　　D. 阻燃铝芯塑料线

3. 预制分支电缆的型号是由（　　　）加其他电缆型号组成。

A. FYD　　　　　　B. FDY　　　　　　C. YFZD　　　　　　D. YFD

4. 用作保护地线的导线颜色是（　　　）。

A. 黄色　　　　　　B. 淡蓝色　　　　　C. 黄绿色　　　　　D. 蓝绿色

5. 螺旋式熔断器的常用型号是（　　　）。

A. RC　　　　　　　B. RL　　　　　　　C. RM　　　　　　　D. RTO

6. 瓷插式熔断器用于交流（　　　）的低压电路，作为电气设备的短路保护。

A. 380～220V　　　　B. 500～220V　　　C. 1000～380V　　　D. 1200～380V

7. 螺旋式熔断器一般用在电流不大于（　　　）的电路中，作为短路保护元件。

A. 100A　　　　　　B. 150A　　　　　　C. 200A　　　　　　D. 250A

四、多项选择题（将正确答案的序号填入括号内）

1. 导线的线芯要求（　　　）。

A. 导电性能好　　　　　　　　　　　　B. 机械强度大

C. 表面光滑　　　　　　　　　　　　　D. 耐蚀性好

2. 裸导线的材料主要有（　　　）。

A. 铝　　　　　　　B. 铜　　　　　　　C. 钢　　　　　　　D. 铅

3. 电缆按绝缘可分为（　　　）。

A. 橡皮绝缘　　　　　　　　　　　　　B. 石棉绝缘

C. 油浸纸绝缘　　　　　　　　　　　　D. 塑料绝缘

4. 通信电缆按结构类型可分为（　　　）。

A. 非对称式通信电缆　　　　　　　　　B. 对称式通信电缆

C. 同轴通信电缆　　　　　　　　　　　D. 光缆

五、解释下列导线型号的含义

1. TJRX：

2. BXR-10：

3. BLVV-2.5：

4. VLV_{22}-4×70＋1×25：

5. SYV-75-3：

六、名词解释

1. 一次额定电压：

2. 额定电流：

3. 额定容量：

4. 额定频率：

5. 温升：

6. 变压器的效率：

七、简答题

1. 简述裸导线的定义、分类及主要用途。

2. 简述绝缘导线的定义和分类。

3. 简述电缆的定义、组成及分类。

4. 常用的电力电缆有哪些？各有什么特点？适用哪些场所？

5. 简述母线的作用和分类。

6. 简述漏电保护断路器的工作原理。

7. 简述变压器安装注意事项。

建筑供配电及照明系统

【知识、技能要求】

1. 具有认知电力系统常用设备的能力以及判别其适用场所的能力。

2. 能够理解低压配电系统的功能。

3. 能够理解低压配电系统的形式及其适用条件。

4. 能够理解不同灯具的结构特点及选择要求，能根据使用环境的不同选择合适的照明灯具。

5. 能根据建筑物的功能选择照明负荷的供电方式。

6. 能够理解供配电及照明系统常用设备及附件的安装程序和质量要求。

7. 能够理解照明配电箱的安装要求。

8. 能够根据施工环境不同采取合适的配线方式并根据相关规范进行验收

9. 能够理解施工现场配电线路的安装程序和质量要求。

10. 能正确理解有关施工现场临时用电的安全技术规范，对建筑施工现场违规操作予以指正。

11. 能够认知建筑物的避雷装置、能根据使用环境的不同选择合适防雷措施。

12. 能够掌握防雷装置的安装方法、材料要求及安装注意事项。

13. 能根据施工进度协调建筑供配电系统、电气照明系统、施工现场临时用电系统、防雷接地系统的安装与土建施工的工种配合和专业之间的衔接关系。

【学习重点】

1. 建筑供配电系统的组成。

2. 低压配电系统的功能及配电方式。

3. 电缆施工质量检查及验收方法。

4. 室内配线工程施工质量检查及验收方法。

5. 室内常用配线工程的配线方式特点及其适用场所。

6. 光学物理量的含义。

7. 照明的种类和照明的方式。

8. 电光源的分类、组成和特点。

9. 《建筑节能工程施工质量验收规范》（GB 50411—2007）对建筑供配电与照明系统节能的规定。

10. 照明配电系统安装。

11. 建筑施工现场临时用电配电线路和配电设施安装。

12. 建筑物的避雷装置组成、各类防雷建筑物的防雷措施。

13. 防雷装置的安装。

14. 建筑施工工地的防雷措施。

【学习难点】

1. 低压配电系统的功能及配电方式。

2. 电缆施工质量检查及验收方法。

3. 室内配线工程施工质量检查及验收方法。

4. 照明配电系统安装。

5. 建筑施工现场临时用电配电线路和配电设施安装。

6. 防雷装置的安装。

7. 建筑施工工地的防雷措施。

精选例题解析

【例题7-1】 导管规格的选择应根据管内所穿导线的根数和截面决定，一般规定管内导线的总截面积（包括外护层）不应超过管子截面积的（　　）。

A. 20%　　　　　　B. 40%　　　　　　C. 50%　　　　　　D. 60%

解析：正确答案为B。

管内导线的总截面积（包括外护层）不应超过管子截面积的40%是综合考虑到导线在正常工作时的散热、施工中的穿线及维护而得出的。

【例题7-2】 （判断）镀锌和壁厚小于等于4mm的钢导管不得套管熔焊连接。（　　）

解析：正确答案为√。

根据《建筑电气工程施工质量验收规范》（GB 50303—2002）第14.1.1条说明，考虑到技术经济原因，镀锌和壁厚小于等于4mm的钢导管若采用套管熔焊连接，技术上熔焊会产生烧穿，内部结瘤，使穿线缆时损坏绝缘层，埋入混凝土中会渗入浆水导致导管堵塞，因此该题为正确。

【例题7-3】 花灯吊钩圆钢直径不应小于灯具挂销直径，且不应小于（　　）。

A. 4mm　　　　　　B. 5mm　　　　　　C. 6mm　　　　　　D. 7mm

解析：正确答案为C。

根据《建筑电气工程施工质量验收规范》（GB 50303—2011）第19.1.2条。固定吊钩的直径与灯具一致，是等强度概念，若吊钩小于6mm，吊钩易受意外拉力而变直，发生灯具坠落现象，故规定此下限。

【例题7-4】 当建筑施工现场临时用电量达到（　　）kW，或者是临时用电设备有（　　）台以上时，应做临时用电施工组织设计。

A. 10 2　　　　　　B. 30 3　　　　　　C. 40 4　　　　　　D. 50 5

解析：正确答案为D。

根据《施工现场临时用电安全技术规范》（JGJ 46—2005）第3.1.2条，触电及电气火灾事故的机率与用电设备数量、种类、分布和计算。负荷大小有关，对于用电设备数量较多（5台以上）用电设备总容量较大（50kW及以上）的施工现场，规定做好用电施工组织设计，以指导建造用电工程，保障用电可靠。

【例题 7-5】 在易受机械损伤之处，地面上（　　）m 至地面下（　　）m 的一段接地线，应采用暗敷设或采用镀锌角钢、改性塑料或橡胶管等加以保护。

A. 1.5　0.2　　　　　B. 1.7　0.3　　　　C. 1.8　0.4　　　　D. 2　0.5

解析：正确答案为 B

根据《建筑物防雷设计规范》（GB 50057—2010）第 5.3.7 条，由于引下线在距地面最高为 1.8m 处设断接卡，为便于拆装断接卡以及拆装时不被破坏设施，故规定地面以上 1.7m。

 课题1 供配电系统

一、填空题

1. 电力系统是由发电、_____、_____和用电构成的一个整体。

2. 变电所是接受电能和_____的场所，主要由电力变压器和_____设备等组成。

3. 只接受电能而不改变电压，并进行_____的场所叫配电所。

4. 建筑供配电线路的额定电压等级多为_____线路和 380V 线路，通常分为_____线路和_____线路。

5. 低压配电系统由配电_____及配电_____组成。

6. 导线的作用是_____和_____。

7. 绝缘子必须具有良好的_____和_____，同时承受导线的垂直荷重和水平荷重。

8. 金具按其作用分为_____、_____和拉线金具。

9. 按电杆在线路中的作用可分为直线杆、耐张杆、_____、_____、跨越杆和分支杆。

10. 横担按材质可分为_____、_____、_____三种。

11. 低压接户线的绝缘子应安装在_____上，装设牢固可靠，导线截面大于_____以上时应采用蝶式绝缘子。

12. 在电缆敷设施工前应检验电缆_____、_____、_____等是否符合设计要求，表面有无损伤等。

13. 并联使用的电力电缆，应采用_____、_____及长度都相同的电缆。

14. 直埋电缆敷设时，电缆沟的宽度，应根据_____与散热所需的_____而定。

15. 对重要回路的电缆接头，宜在其两侧约_____开始的局部段，按_____方式敷设电缆。

16. 电缆桥架按材质分为_____和_____。

17. 电缆桥架是指金属电缆有孔托盘、无孔托盘、_____及_____的统称。

18. 电缆桥架内的电缆应在_____、_____、_____及每隔 50m 处，设置编号、型号、规格及起止点等标记。

19. 电缆中间头的主要作用是确保电缆_____和_____。

20. 导管配线应安全可靠，避免_____的侵蚀和_____，更换导线方便。

21. 导管配线通常有明配和暗配两种。明配是把线管敷设于_____、_____等表面明露处，要求横平竖直、整齐美观。暗配是把线管敷设于_____、_____或楼板内等处，要求管路短、弯曲少，以便于穿线。

22．导管的选择，应根据敷设环境和设计要求决定导管_____和_____。常用的导管有_____、_____、_____、金属软管和瓷管等。

23．为防止钢管生锈，在配管前应对管子进行除锈、刷防腐漆。钢管外壁刷漆要求与_____及_____有关。

24．为便于穿线，管子的弯曲角度，一般不应大于_____。管子弯曲可采用_____、_____或用热煨法。

25．钢管采用管箍连接时，要用_____或_____作跨接线焊在接头处，使管子之间有良好的电气连接，以保证接地的可靠性。

26．钢管与设备连接时，应将钢管敷设到设备内；如不能直接进入时，可在钢管出口处加_____或_____引入设备。

二、判断题（正确的打"√"，错误的打"×"）

1．树干式配电方式节省设备和材料，供电可靠性较高。（　　）

2．采用三相四线制供电方式可得到 380V/220V 两种电压。（　　）

3．敷设电缆时应留有一定余量的备用长度，用作温度变化引起变形时的补偿和安装检修。（　　）

4．埋地敷设的电缆，在无机械损伤情况下，可采用有外护层的铠装电缆、塑料护套电缆或带外护层的（铅、铝包）电缆。（　　）

5．直埋电缆穿越城市街道时，穿入保护管的内径应不小于电缆外径的 1.2 倍。（　　）

6．电缆进入建筑物时，所穿保护管应超出建筑物散水坡 50mm。（　　）

7．电缆托盘、梯架经过伸缩沉降缝时，电缆桥架、梯架应断开，断开距离以 100mm 左右为宜。（　　）

8．电缆不应在易燃、易爆及可燃的气体管道或液体管道的隧道或沟道内敷设。当受条件限制需要在这类隧道或沟道内敷设电缆时，应采取防爆、防火的措施。（　　）

9．穿在同一管内绝缘导线总数不超过 6 根，且为同一照明灯具的几个回路或同类照明的几个回路可穿在同一根导管内。（　　）

10．同一路径向一级负荷供电的双路电源电缆可以敷设在同一层桥架上。（　　）

11．电缆桥架在穿过防火墙及防火楼板时，应采取防火隔离措施。（　　）

12．导管切割时应采用钢锯、电动无齿锯或气割进行切割。（　　）

13．钢管明敷时，焊接钢管应刷一道防腐漆，一道面漆（若设计无规定颜色，一般用褐色漆）。（　　）

14．钢管进入灯头盒、开关盒、接线盒及配电箱时，暗配管可用焊接固定，管口露出盒（箱）应小于 5mm。（　　）

15．当电线管路遇到建筑物伸缩缝、沉降缝时，应装设补偿盒。（　　）

16．硬塑料管沿建筑物表面敷设时，在直线段上每隔 20m 要装设一只温度补偿装置，以适应其膨胀性。（　　）

17．管内穿线工作一般应在管子全部敷设完毕及土建地坪结束后，粉刷工程未开始前进行。在穿线前应将管中的积水及杂物清除干净。（　　）

18．镀锌和壁厚小于等于 4mm 的钢导管不得套管熔焊连接。（　　）

三、单项选择题（将正确答案的序号填入括号内）

1. 电力负荷根据其重要性和中断供电后在政治上、经济上所造成的损失或影响的程度分为（　　）。

　　A. 二级　　　　　　　　B. 三级　　　　　　　　C. 四级　　　　　　　　D. 五级

2. 国际电工委员会标准 IEC439-1 规定（　　）为低压。

　　A. $AC \leqslant 1kV$，$DC \leqslant 1kV$　　　　　　　　B. $AC \leqslant 1.5kV$，$DC \leqslant 1kV$

　　C. $AC \leqslant 1kV$，$DC \leqslant 1.5kV$　　　　　　　　D. $AC \leqslant 1.5kV$，$DC \leqslant 1.5kV$

3. 向输电距离为 10km 左右的工业与民用建筑供电采用的电压为（　　）。

　　A. 380V　　　　　　　　B. 10kV　　　　　　　　C. 3～5kV　　　　　　　　D. 6～10kV

4. 在低压配电系统中，我国广泛采用（　　）的运行方式。

　　A. 中性点不接地系统　　　　　　　　　　B. 中性点经消弧线圈接地系统

　　C. 中性点直接接地系统　　　　　　　　　　D. 无中性点系统

5. 在电缆敷设施工前对 6kV 及以下的电缆应做（　　）试验。

　　A. 交流耐压　　　　　　B. 测试绝缘电阻　　　C. 直流泄露　　　　D. 电网相位

6. 直埋敷设时，电缆埋设深度不应小于（　　）m，穿越农田时不应小于（　　）m。

　　A. 0.5　0.7　　　　　　B. 0.6　0.8　　　　C. 0.7　1　　　　D. 0.8　1.1

7. 直埋电缆与铁路、公路、街道、厂区道路交叉时，穿入保护管应超出保护区段路基或街道路面两边各（　　）m，管的两端宜伸出道路路基两边各（　　）m。

　　A. 0.5　1　　　　　　B. 1　2　　　　C. 1.2　1.5　　　　D. 1.5　2

8. 电缆直埋敷设时，电缆长度应比沟槽长出（　　），作波状敷设。

　　A. 1.5%～2%　　　　　B. 2.5%～3%　　　C. 3%～4%　　　　D. 4%～5%

9. 当电缆隧道长度大于 7m 时，电缆隧道两端应设出口；两个出口间的距离超过 75m 时，尚应增加出口。人孔井可作为出口，人孔井直径不应小于（　　）m。

　　A. 0.2m　　　　　　　B. 0.5m　　　　　　C. 0.7m　　　　D. 0.9m

10. 电缆在托盘和梯架内敷设时，电缆总截面积与托盘和梯架横断面面积之比，电力电缆不应大于（　　）%，控制电缆不应大于（　　）%。

　　A. 30　40　　　　　　B. 40　50　　　　C. 50　60　　　　D. 55　65

11. 敷设在电缆沟的电缆与热力管道、热力设备之间的净距，平行时不应小于（　　）m，交叉时不应小于（　　）m。

　　A. 0.5　0.25　　　　　B. 0.8　0.4　　　　C. 1　0.5　　　　D. 2　1

12. 电缆桥架（托盘、梯架）水平敷设时的距地高度，一般不宜低于（　　）m；垂直敷设时应不低于（　　）m。

　　A. 2　1.5　　　　　　B. 2.5　1.8　　　　C. 2.7　2　　　　D. 3　2.5

13. 导管规格的选择应根据管内所穿导线的根数和截面决定，一般规定管内导线的总截面积（包括外护层）不应超过管子截面积的（　　）。

　　A. 20%　　　　　　　B. 30%　　　　　　C. 40%　　　　D. 50%

14. 管子长度每超过（　　），有一个弯时中间应增设接线盒。

　　A. 8m　　　　　　　　B. 15m　　　　　　C. 20m　　　　D. 30m

15. 导管配线方式中，钢管不论是明配还是暗敷，一般都采用（　　）连接。

　　A. 管箍　　　　　　　　B. 插接　　　　　　C. 焊接　　　　D. 熔焊

16. 钢管采用管箍连接时，跨接线焊接应整齐一致，焊接面不得小于接地线截面的（　　）倍。

A. 3　　　　　　　　B. 4　　　　　　　　C. 5　　　　　　　　D. 6

17. 钢管进入灯头盒、开关盒、接线盒及配电箱时明配管应用锁紧螺母或护帽固定，露出锁紧螺母的丝扣为（　　）扣。

A. 2　　　　　　　　B. 2～4　　　　　　　C. 5　　　　　　　　D. 4～6

18. 明配硬塑料管在穿楼板易受机械损伤的地方应用钢管保护，其保护高度距楼板面不应低于（　　）mm。

A. 200　　　　　　　B. 300　　　　　　　C. 400　　　　　　　D. 500

19. 导线截面70～95mm²，长度为（　　），垂直敷设时，应在管口处或接线盒中加以固定。

A. 10m　　　　　　　B. 15m　　　　　　　C. 20m　　　　　　　D. 25m

四、多项选择题（将正确答案的序号填入括号内）

1. 低压配电系统配电方式有（　　）几种。

A. 放射式　　　　　　B. 环式　　　　　　C. 树干式　　　　　　D. 混合式

2. 在三相电力系统中，发电机和变压器的中性点有（　　）三种运行方式。

A. 中性点不接地系统　　　　　　　B. 中性点经消弧线圈接地系统

C. 中性点直接接地系统　　　　　　D. 无中性点系统

3. 低压配电系统按保护接地形式分为（　　）。

A. TI 系统　　　　　　B. TT 系统　　　　　C. IT 系统　　　　　D. TN 系统

五、绘图题

绘制中性点直接接地的电力系统示意图。

六、问答题

1. 低压配电系统有哪些配电方式？各有什么特点？

2. TN 系统的特点。

3. 简述架空线路的组成部分及作用。

4. 简述架空配电线路施工的主要内容。

5. 简述电缆的敷设方式。

6. 简述电缆直埋敷设的施工程序。

7. 电缆敷设在电缆沟或隧道的支架上时，按什么顺序排列？

8. 简述在多孔导管内敷设应注意的事项？

9. 简述钢管暗设的施工程序。

10. 施工验收规范对管内穿线有何要求？

课题2 建筑电气照明

一、填空题

1. 根据工作场所对照度的不同要求，照明方式可分为_____、_____、_____三种方式。

2. 凡存在因故障停止工作而造成重大安全事故，或造成重大政治影响和经济损失的场所必须设置_____。

3. 在正常照明发生故障时，为保证处于危险环境中工作人员的人身安全而设置的一种应急照明，称为_____。

4. 一般建筑物或构筑物的高度不小于_____ m 时，需装设障碍照明，且应装设在建筑物或构筑物的_____部位。

5. 电光源主要分为两大类即：_____光源和_____光源，金属卤化物灯属于_____光源。

6. 高压水银灯靠_____而发光，按结构可分为_____式和_____式两种。

7. 荧光灯接线必须要有配套的_____、_____等附件。

8. 吊灯的主要配件有吊线盒、_____、_____等。

9. 吊灯的安装程序是测定、_____、打眼、_____、_____、灯具安装、接线、_____。

10. 同一工程中成排安装的壁灯，安装高度应一致，高低差不应大于_____mm。

11. 嵌入顶棚内的灯具应固定在_____上，导线不应贴近_____。

12. 一般敞开式灯具，在室外灯头对地面距离不小于_____m。

13. 危险性较大及特殊危险场所，当灯具距地面高度小于 2.4m 时，使用额定电压为_____V 及以下的照明灯具，或有_____措施。

14. 灯开关安装位置应便于操作，开关边缘距门框的距离宜为_____m；开关距地面高度宜为_____m；拉线开关距地面高度宜为_____m，且拉线出口应垂直向下。

15. 跷板式开关只能_____装，扳把开关不允许_____装，扳把向上时表示_____，向下时表示_____。

16. 车间及试（实）验室的插座安装高度距地面不小于_____m；特殊场所暗装的插座不小于_____m；同一室内插座安装高度应_____。

17. 照明配电箱（盘）应安装牢固，垂直度允许偏差为_____；底边距地面为_____，照明配电板底边距地面不小于_____。

18. 照明配电箱（盘）内开关动作灵活可靠，带有漏电保护的回路，漏电保护装置动作电流不大于_____，动作时间不大于_____。

19. 低压配电系统选择的电缆、电线截面不得低于设计值，进场时应对其截面和_____进行见证取样送检。

20. 三相供电电压允许偏差为标称系统电压的_____；单相 220V 为_____、_____。

21. 照明值不得小于设计值的_____。

22. 母线与母线或母线与电器接线端子，当采用螺栓搭接连接时，应采用_____拧紧。

23. 三相电压不平衡允许值为_____，短时不得超过_____。

二、判断题（正确的打"√"，错误的打"×"）

1. 正常照明可与应急照明和值班照明同时使用，控制线路不必分开。（   ）

2. 备用照明提供给工作面的照度不能低于正常照明照度的 30%。（   ）

3. 卤钨灯的突出特点是在灯管（泡）内充入惰性气体的同时加入了微量的卤素物质。（   ）

4. 卤钨灯多制成管状，灯管的功率一般都比较小。（   ）

5. 直管型荧光灯有日光色、白色、暖白色等多种灯管，但没有彩色灯管。（   ）

6. 钠灯具有省电、光效高、透雾能力强等特点。（   ）

7. 开关必须接在相线上，零线不进开关。（   ）

8. 灯具重量大于 3kg 时，应固定在螺栓或预埋吊钩上。（   ）

9. 灯具固定应牢固可靠，可以使用木楔。（   ）

10. 大型花灯的固定及悬吊装置，应按灯具重量的 3 倍做过载试验。（   ）

11. 对装有白炽灯的吸顶灯具，灯泡不应紧贴灯罩。（   ）

12. 壁灯安装在墙上时，一般在砌墙时应预埋木砖，可以用木楔代替木砖，也可以预埋螺栓或用膨胀螺栓固定。（   ）

13. 矩形灯具的边框宜与顶棚面的装饰直线平行，其偏差不应大于 5mm。（   ）

14. 当灯具距地面高度小于 2m 时，灯具的可接近裸露导体必须接地（PE）可靠或接零（PEN）可靠，并应有接地螺栓，且有标识。（   ）

15. 并列安装的拉线开关的相邻间距不应小于 10mm。（   ）

16. 当不采用安全型插座时，儿童活动场所安装高度不小于 1.3m。（   ）

17. 接地（PE）或接零（PEN）线在插座间不串联连接。（   ）

18. 电铃安装好时，应调整到最响状态，用延时开关控制电铃，应整定延时值。（   ）

19. 吊扇扇叶距地高度不小于 2m，壁扇下侧边缘距地面高度不小于 1.8m。（   ）

三、单项选择题（将正确答案的序号填入括号内）

1. 镝灯和钪钠灯属于（   ）。

A. 卤钨灯　　　　　　　B. 荧光灯　　　　　　　C. 金属卤化物灯　　　D. 霓虹灯

2. 被人们誉为"小太阳"的弧光放电灯是（   ）。

A. 溴钨灯　　　　　　　B. 钠铊铟灯　　　　　　C. 氖气灯　　　　　　D. 氙灯

3. 灯具重量在（   ）及以下时，采用软电线自身吊装。

A. 0.5kg　　　　　　　B. 1kg　　　　　　　　C. 1.5kg　　　　　　D. 2kg

4. 花灯吊钩圆钢直径不应小于灯具挂销直径，且不应小于（   ）。

A. 4mm　　　　　　　B. 5mm　　　　　　　C. 6mm　　　　　　D. 7mm

5. 对装有白炽灯的吸顶灯具，当灯泡与绝缘台间距离小于（   ）时，灯泡与绝缘台间应采取隔热措施。

A. 4mm　　　　　　　B. 5mm　　　　　　　C. 6mm　　　　　　D. 7mm

6. 并列安装的相同型号开关距地面高度应一致，高度差不应大于（   ）。

A. 1mm　　　　　　　B. 2mm　　　　　　　C. 3mm　　　　　　D. 4mm

7. 电铃按钮（开关）应暗装在相线上，安装高度不应低于（   ）。

A. 0.8m　　　　　　　B. 1m　　　　　　　　C. 1.3m　　　　　　D. 1.5m

8. 吊扇挂钩安装牢固，吊扇挂钩的直径不小于吊扇挂销直径，且不小于（   ）。

A. 5mm　　　　　　　B. 6mm　　　　　　　C. 7mm　　　　　　D. 8mm

四、多项选择题（将正确答案的序号填入括号内）

1. 普通白炽灯的灯头型式分为（   ）几种。

A. 十字口　　　　　　　B. 插口　　　　　　　C. 特型口　　　　　　D. 螺口

2. 目前国内常用的卤钨灯主要有（   ）几类。

A. 氟钨灯　　　　　　　B. 荧光灯　　　　　　　C. 溴钨灯　　　　　　D. 碘钨灯

3. 普通白炽灯泡的常用型号有（   ）。

A. PZ　　　　　　　　B. PS　　　　　　　　C. PP　　　　　　　　D. PQ

4. 异型荧光灯主要有（   ）几种形式。

A. S 形   B. U 形   C. 环形   D. 双 D 形

5. 紧凑型荧光灯的特点是（　　　　）。

A. 体积小   B. 光效高   C. 安装方便   D. 造型美观

6. 荧光灯的安装方法有（　　　　）几种。

A. 吸顶式   B. 嵌入式   C. 吊链式   D. 吊管式

7. 下列能够明装的是（　　　　）。

A. 跷板式   B. 按钮   C. 插座   D. 电铃

五、绘图题

画出荧光灯控制线路的接线图和平面图。

六、识图题

图 7-1 是楼梯灯兼做应急疏散照明控制原理图，请简述其工作原理。

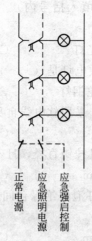

图 7-1 　楼梯灯兼做应急疏散照明控制原理图

七、简答题

1. 简述灯具的组成、作用和类型。

2. 简述吊灯的安装要求。

建筑设备学习指导与练习

3. 简述按钮的安装程序。

4. 简述插座的安装程序。

5. 插座的接线有哪些要求？

6. 功率因数补偿的一般原则是什么？

7. 照明有哪些种类？各有什么功能？

8. 照明方式分为哪几种？它们的特点是什么？

9. 插座的安装有哪些要求？

10. 吊扇、壁扇安装有哪些要求？

11. 照明配电箱（盘）的安装有哪些要求？

12. 输配电系统应如何节能？

13. 电气照明节能的一般原则是什么？

14. 照明控制节能的一般原则是什么？

课题3 建筑施工现场临时用电

一、判断题（正确的打"√"，错误的打"×"）

1. 电杆宜采用钢筋混凝土杆或木杆。采用钢筋混凝土杆时，电杆不能有露筋、宽度大于 0.4mm 的裂纹或扭曲；采用木杆时，木杆不能腐朽。（　　）

2. 施工现场临时用电架空线路的导线不得使用裸导线，一般采用绝缘铜芯导线。（　　）

3. 临时线路架设时，应先安装用电设备一端，再安装电源侧一端。拆的时候顺序与此相反。严禁利用大地作中心线或零线。（　　）

4. 分配电箱与开关箱的距离不超过 30m。动力、照明公用的配电箱内要装设四极漏电开关或防零线断线的安全保护装置。（　　）

5. 所有配电箱、开关箱在使用中必须按照下述操作顺序。A 送电顺序：总配电箱→分配电箱→开关箱；B 停电顺序：开关箱→分配电箱→总配电箱（出现电气故障的紧急情况例外）。配电屏（盘）或配电线路维修时，应悬挂停电标志牌，停送电必须由专人负责。（　　）

6. 电焊机一次侧电源应采用橡套缆线，其长度不得大于 5m。（　　）

7. 施工现场的消火栓泵应采用专用消防配电线路。专用消防配电线路应自施工现场总配电箱的总断路器上端接入，且应保持不间断供电。（　　）

二、单项选择题（将正确答案的序号填入括号内）

1. 电焊机二次线宜采用橡胶护套铜芯多股软电缆，其长度不得大于（　　）m。

A. 15　　　　　　　　B. 25　　　　　　　　C. 30　　　　　　　　D. 50

2. 旋转臂架式起重机的任何部位或被吊物边缘与 10kV 以下的架空线路边线最小水平距离不放小于（　　）m。

A. 1　　　　　　　　　B. 2　　　　　　　　　C. 3　　　　　　　　　D. 4

3. 变压器的台数由现场设备的负荷大小及对供电的可靠性来确定。单台变压器的容量一般不超过（　　）kV·A。

A. 500　　　　　　　　B. 1000　　　　　　　C. 1500　　　　　　　D. 2000

4. 当建筑施工现场临时用电量达到（　　）kW，或者是临时用电设备有（　　）台以上时，应做临时用电施工组织设计。

A. 10　2　　　　　　　B. 30　3　　　　　　　C. 50　5　　　　　　　D. 60　6

5. 作业场所应急照明的照度不应低于正常工作所需照度的（　　）%，疏散通道的照度值不应小于（　　）lx。

A. 70　0.2　　　　　　　　　B. 80　0.3　　　　　　C. 90　0.5　　　　　　D. 100　0.6

三、简答题

1. 简述施工现场临时用电特点。

2. 施工现场临时电源如何选择？

3. 施工现场变压器如何选择？

4. 施工现场用电应符合哪些规定？

课题4　建筑物防雷和安全接地

一、填空题

1. 雷电的危害有三种方式，即＿＿＿＿＿＿、＿＿＿＿＿＿和＿＿＿＿＿＿。

2. 防雷装置主要由接闪器、＿＿＿＿＿＿和＿＿＿＿＿＿等组成。

3. 接闪器的类型主要有避雷针、避雷线、＿＿＿＿＿＿、＿＿＿＿＿＿和＿＿＿＿＿＿等。

4. 避雷网和避雷带宜采用＿＿＿＿＿＿和＿＿＿＿＿＿。

5. 避雷器用来防护雷电波沿线路侵入建筑物内，以免电气设备损坏。常用避雷器的类型有＿＿＿＿＿＿、＿＿＿＿＿＿等。

6. 引下线的敷设方式分为＿＿＿＿＿＿、＿＿＿＿＿＿两种。

7. 埋于土壤中的人工水平接地体宜采用＿＿＿＿＿＿、＿＿＿＿＿＿。

8. 安装人工接地体时，一般应按设计施工图进行。接地体的材料均应采用镀锌钢材，并应充分考虑材料的＿＿＿＿＿＿和＿＿＿＿＿＿。

9. 垂直安装的人工接地体，一般采用＿＿＿＿＿＿或＿＿＿＿＿＿制作。

10. 水平接地体常见的形式有＿＿＿＿＿＿、＿＿＿＿＿＿和＿＿＿＿＿＿等几种。

11. 人工接地线一般包括＿＿＿＿＿＿、＿＿＿＿＿＿和接地支线等。

12. 接地支线与电气设备＿＿＿＿＿＿与＿＿＿＿＿＿的连接时，应采用螺钉或螺栓进行压接。

13. 电气设备接地装置的安装，应尽可能利用＿＿＿＿＿＿和＿＿＿＿＿＿，有利于节约钢材和减少施工费用。

14. 避雷装置的接地电阻一般为 _____ Ω、_____ Ω、_____ Ω，特殊情况要求在 _____ Ω 以下。

二、判断题（正确的打"√"，错误的打"×"）

1. 第一类防雷建筑物是指重要的或人员密集的大型建筑物。（　　）

2. 避雷针一般用镀锌圆钢或镀锌钢管制成，其长度在 1m 以下时，圆钢直径不小于 10mm。（　　）

3. 建筑物顶部的避雷针、避雷带等必须与顶部外露的其他金属物体连成一个整体的电气通路，且与避雷引下线连接可靠。（　　）

4. 引下线应沿建筑物外墙暗敷，并经最短路径接地。（　　）

5. 埋于土壤中的人工垂直接地体宜采用角钢、钢管或螺纹钢。（　　）

6. 引下线的安装路径应短直，其紧固件及金属支持件均应采用镀锌材料，在引下线距地面 1.8m 处设断接卡子。（　　）

7. 安装垂直接地体时一般要先挖地沟，再采用打桩法将接地体打入地沟以下，接地体的有效深度不应小于 2.5m。（　　）

8. 水平接地体所用的材料不应有严重的锈蚀或弯曲不平，否则应更换或矫直。（　　）

9. 移动式电气设备或钢质导线连接困难时，可采用有色金属作为人工接地线，但严禁使用裸铝导线作接地线。（　　）

10. 可以用一根接地支线把几个设备接地点串联后再与接地干线相连。（　　）

11. 不允许几根接地支线并联在接地干线的一个连接点上。（　　）

12. 明装敷设的接地支线，在穿越墙壁或楼板时，应穿管加以保护。（　　）

13. 在接地线引向建筑物内的入口处和在检修用临时接地点处，均应刷黑色底漆后标以白色接地符号。（　　）

14. 第三类防雷建筑物防直击雷时，每根引下线的冲击接地电阻不宜大于 20Ω，但对省级重点文物的建筑物及省级档案馆等不宜大于 10Ω。（　　）

三、单项选择题（将正确答案的序号填入括号内）

1. 三类防雷建筑物是指建筑群中高于其他建筑物或边缘地带的高度为（　　）m 以上的建筑物。

A. 5　　　　　　　　　B. 10　　　　　　　　C. 15　　　　　　　　D. 20

2. 避雷针长度在 1～2m 时，圆钢直径不小于（　　）mm，钢管直径不小于（　　）mm。

A. 6　10　　　　　　　B. 10　25　　　　　　C. 16　25　　　　　　D. 20　32

3. 当引下线采用扁钢时，扁钢截面不应小于（　　）mm²，其厚度不应小于（　　）mm。

A. 24　4　　　　　　　B. 48　4　　　　　　　C. 24　6　　　　　　D. 48　6

4. 明设安装时，应在引下线距地面上（　　）m 至地面下（　　）m 的一段加装塑料管或钢管保护。

A. 1.5　0.2　　　　　　B. 1.7　0.3　　　　　C. 1.8　0.4　　　　　D. 2　0.5

5. 垂直接地体每根接地极的水平间距应大于或等于（　　）m。

A. 3　　　　　　　　　B. 4　　　　　　　　　C. 5　　　　　　　　D. 6

6. 水平安装的人工接地体，其材料一般采用镀锌圆钢和扁钢制作。采用圆钢时其直径应大于（　　　）mm；采用扁钢时其截面尺寸应大于（　　　）mm²，厚度不应小于 4mm。

   A. 6　50 　　　　　　　B. 8　70 　　　　　　　C. 10　100 　　　　　　　D. 12　120

7. 明敷接地线表面应涂以（　　　）mm 宽度相等的绿黄色相间条纹。

   A. 10～80 　　　　　　B. 15～100 　　　　　　C. 20～100 　　　　　　D. 25～120

8. 第二类防雷建筑物的引下线不应少于两根，并应沿建筑物四周均匀或对称布置，其间距不应大于（　　　）m。每根引下线的冲击接地电阻不应大于（　　　）Ω。

   A. 5　4 　　　　　　　B. 15　6 　　　　　　　C. 15　8 　　　　　　　D. 18　10

9. 第一类防雷建筑物独立避雷针、架空避雷线或架空避雷网应有独立的接地装置，每一引下线的冲击接地电阻不宜大于（　　　）Ω。

   A. 4 　　　　　　　　　B. 10 　　　　　　　　　C. 20 　　　　　　　　　D. 30

四、名词解释

1. 工作接地：

2. 保护接地：

3. 工作接零：

4. 保护接零：

5. 重复接地：

6. 防雷接地：

7. 屏蔽接地：

五、简答题

1. 简述防雷装置的组成及作用。

2. 故障接地有何危害？接地的连接方式分为几种？

3. 简述建筑物等电位联结的要求。

4. 高层建筑如何防侧击和等电位连接？

5. 供电系统接地形式有哪些？各有什么特点？

单元 ⑧

建筑电气工程施工图

【知识、技能要求】

1. 具有认知建筑电气施工图组成和作用的能力。
2. 具有认知建筑电气施工图图例的能力。
3. 具备认知建筑电气施工图并理解设计意图的能力。
4. 具备认知智能建筑电气工程施工图的能力。

【学习重点】

1. 建筑电气施工图的一般规定、组成及内容。
2. 建筑电气施工图的图例。
3. 建筑电气施工图的识读方法。
4. 智能建筑电气工程施工图的图例。
5. 智能建筑电气工程施工图的识读方法。

【学习难点】

1. 电气平面图中灯具的表示方法。
2. 智能电气施工图的识读顺序。

精选例题解析

【例题 8-1】 解释线路文字符号的含义：BLX-3×4-SC20-WC

解析：线路的文字标注基本格式为 ab−c(d×e＋f×g) i−jh

其中，a 表示线缆编号；b 表示型号；c 表示线缆根数；d 表示线缆线芯数；e 表示线芯截面（mm²）；f 表示 PE、N 线芯数；g 表示线芯截面（mm²）；i 表示线路敷设方式；j 表示线路敷设部位；h 表示线路敷设安装高度（m）。

上述字母无内容时则省略该部分。

BLX-3×4-SC20-WC 表示有 3 根截面为 4mm² 的铝芯橡皮绝缘导线，穿直径为 20mm 的水煤气钢管沿墙暗敷设。

【例题 8-2】 解释配电箱的文字符号的含义：$2\dfrac{\text{PXTR}-4-3\times3/1\text{CM}}{52.16}$

解析：动力和照明配电箱的文字标注格式为：a−b−c 或 $a\dfrac{b}{c}$

其中，a 表示设备编号；b 表示设备型号；c 表示设备功率（kW）。

$2\dfrac{\text{PXTR}-4-3\times3/1\text{CM}}{52.16}$ 表示 2 号配电箱，型号为 PXTR $-4-3\times3/1$CM，功率为 52.16kW。

【例题 8-3】 解释桥架文字符号的含义：$\dfrac{800\times200}{3.5}$

解析： 桥架的文字标注格式为：$\dfrac{a\times b}{c}$

其中，a 表示桥架的宽度（mm）；b 表示桥架的高度（mm）；c 表示安装高度（m）。

$\dfrac{800\times200}{3.5}$ 表示电缆桥架的高度是 200mm，宽度是 800mm，安装高度为 3.5m。

【例题 8-4】 解释照明灯具文字符号的含义：12-PKY501 $\dfrac{2\times36}{2.6}$Ch

解析： 照明灯具的文字标注格式为：$a-b\dfrac{c\times d\times L}{e}f$

其中，a 表示同一个平面内，同种型号灯具的数量；b 表示灯具的型号；c 表示每盏照明灯具中光源的数量；d 表示每个光源的容量（W）；e 表示安装高度，当吸顶或嵌入安装时用 "-" 表示；f 表示安装方式；L 表示光源种类（常省略不标）。

12-PKY501 $\dfrac{2\times36}{2.6}$Ch 表示共有 12 套 PKY501 型双管荧光灯，容量（2×36）W，安装高度 2.6m，采用链吊式安装。

【例题 8-5】 识读图 8-1 总配电柜系统图。

安装容量：357kW
需要系数：0.55
功率因数：0.87
计算电流：343A

DT862-5(10)A

NSDVigi-350A-4P
漏电动作电流500mA 0.4s
RC100-FC
AA
GZI系列配电柜
（防护等级IP55）
参考尺寸：800×1500×350

LMZ-1-0.5 400/5
C65N C20 4P
PRD40-4P

回路编号	开关型号	安装容量/kW	需要系数	用途	配线
P1	NC100H-C80A-3P	54	0.75	一、二层门市	YJV(4×25+1×16)-PC50-WC
P2	NC100H-C100A-3P	72	0.70	一、二层门市	YJV(4×35+1×16)-PC63-WC
P3	NSD-125A-3P	101.3	0.57	三～五层客房	YJV(4×50+1×25)-SC100
P4	NC100H-D32A-3P	6.2	1.00	一、二层门厅	YJV(5×10)-SC50-SCE
P5	NC100H-C63A-3P	41.4	0.71	三～五层办公照明	YJV(5×16)-SC50-SCE
P6	NC100H-C63A-3P	72.0	0.41	三～五层办公空调	YJV(5×16)-SC50-SCE
P7	NC100H-D32A-3P	11.0	1.00	电梯	YJV(5×10)-SC50-SCE
	NC100H-D32A-3P	备用			
	NC100H-D32A-3P	备用			

图 8-1 总配电柜系统图

解析： 阅读电气施工图一般先略读一遍，了解工程的总体情况，然后再精读，仔细阅读每台设备和元件的安装位置和安装要求，所有管线的敷设要求，与土建、暖通等专业的协作关系等。该图表示建筑物为三相四线电缆进户，配电柜 AA 采用 GZI 系列配电柜，其防护等级 IP55。主开关带有漏电保护，漏电动作电流 500mA。柜内设有电涌保护器，型号为 PRD40-4P。保护开关型号为 C65N C20 4P，主开关后设有电流互感器及电度表，型号分别为 LMZ-1-0.5 400/5 及 DT862-5(10)。配电柜配出九路电源，门市为二路，P1 回路干线为

YJV(4×25＋1×16)-PC50-WC，保护开关 NC100H-C80A-3P，P2 回路干线为 YJV(4×35＋1×16)-PC63-WC，保护开关为 NC100H-C100A-3P。P3、P4、P5、P6、P7 回路与 P1、P2 相似。

 课题1 建筑电气工程施工图

一、填空题

1. 电气工程施工图图纸目录的内容包括：图纸的组成、_____、_____、图号顺序等，绘制图纸目录的目的是_____。

2. 设计说明主要阐明单项工程的概况、_____、设计标准以及_____等。

3. 系统图是表明供电分配回路的_____和_____的示意图。

4. 电气工程施工图中一次线路用_____线型表示，屏蔽线路用_____线型表示。

5. SC 表示线路敷设方式为_____，TC 表示_____。

6. 照明平面图中有：$24\dfrac{2\times40}{2.9}$Ch，其中 24 表示_____，2×40 表示_____，2.9 表示_____，Ch 表示_____。

7. 进入二三孔双联暗插座的管内穿线有_____根线，进入双联单级搬把开关盒的导线有_____根，进入四联单级搬把开关盒的导线有_____根。

二、判断题（正确的打"√"，错误的打"×"）

1. 室外电气安装工程常采用绝对标高。（　　）

2. 材料表是电气工程施工图中不可缺少的内容。（　　）

3. 三层照明平面图的管线敷设在三层的地板中。（　　）

4. 四层动力平面图的管线敷设在四层的地板中。（　　）

三、绘图题

1. 绘制双绕组变压器的图例符号。

2. 绘制动力或动力-照明配电箱的图例符号。

3. 绘制照明配电箱（屏）的图例符号。

4. 绘制熔断器式隔离开关的图例符号。

5. 绘制花灯的图例符号。

6. 绘制带接地插孔的三相插座（暗装）的图例符号。

7. 绘制有功电能表（瓦时计）的图例符号。

8. 绘制火灾报警控制器的图例符号。

9. 绘制应急疏散指示标志灯的图例符号。

10. 绘制视频线路的图例符号。

11. 绘制所在教学楼的建筑照明平面图和系统图。

四、解释下列文字符号的含义

1. BLX-3×4-SC20-WC：

2. $3\dfrac{XL-3-2}{35.165}$：

3. $28PKY501\dfrac{2\times40}{2.6}P$：

4. $6\dfrac{2\times60}{-}S$：

五、简答题

1. 简述线路的文字标注格式。

2. 简述配电箱的文字标注格式。

3. 简述照明灯具的文字标注格式。

 课题2 建筑电气工程施工图识读

识图题

1. 识读某住宅楼的照明配电系统图（图8-2）。

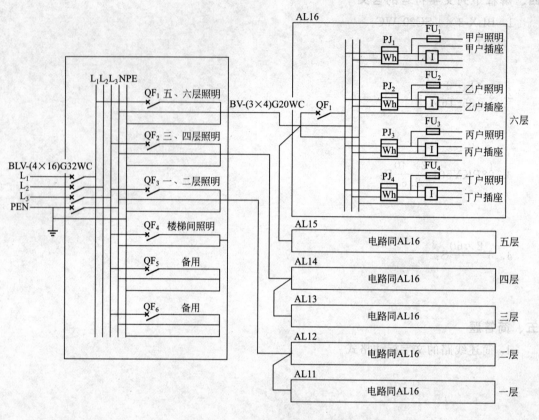

图 8-2 照明配电系统图

2. 识读某办公楼的照明平面图（图 8-3）。

3. 识读某车间电气动力平面图（图 8-4），并简述其系统的组成。

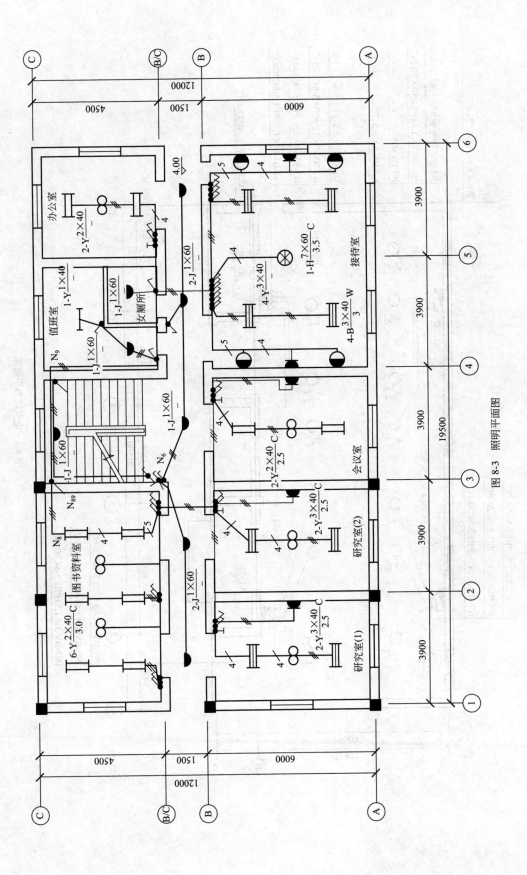

图 8-3　照明平面图

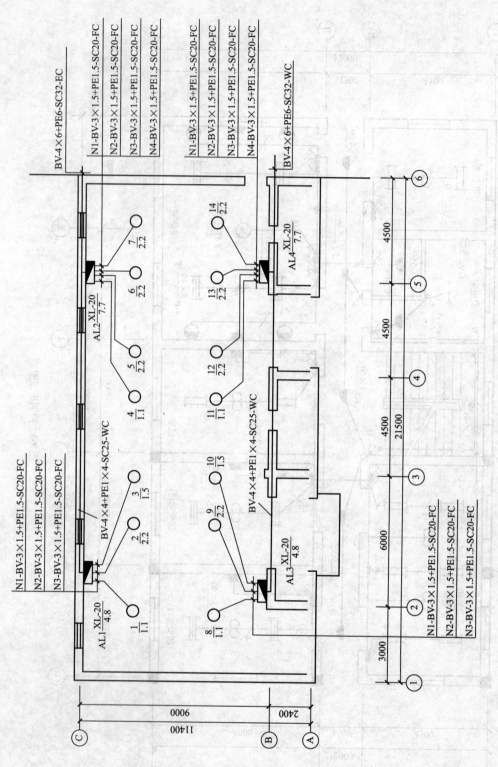

图 8-4 电气动力平面图

4. 识读配电箱系统图（图 8-5），并指出电器元件的规格、型号及数量。

(AL1 F3) XGM1R-2G.5E.3L 暗装照明配电箱						
	DZ216-63/1P-C10A	BV-2×2.5-SC15-CC N1	AN	11盏	0.84kW	照明
	DZ216-63/1P-C10A	BV-2×2.5-SC15-CC N2	BN	12盏	0.96kW	照明
	DZ216-63/1P-C10A	BV-2×2.5-SC15-CC N3	CN	6盏	0.36kW	照明
	DZ216-63/1P-C10A	BV-2×2.5-SC15-CC N4	AN	10盏	0.8kW	照明
	DZ216-63/1P-C10A	BV-2×2.5-SC15-CC N5	BN	12盏	0.94kW	照明
	DZ216-63/1P-C10A	BV-2×2.5-SC15-CC N6	CN	9盏	0.68kW	照明
DZ216-63/3P-C32A	DZ216-63/1P-C10A	BV-2×2.5-SC15-CC N7	AN	14盏	0.28kW	照明
P_e=8.16kW K_x=0.8 $\cos\phi$=0.8 P_{js}=6.53kW I_{js}=13.22A	DZ216L-63/2P-16A-30mA	BV-2×2.5-SC15-FC N8	BNPE	6盏	0.6kW	插座
	DZ216L-63/2P-16A-30mA	BV-2×2.5-SC15-FC N9	CNPE	6盏	0.6kW	插座
	DZ216L-63/2P-16A-30mA	BV-3×2.5-SC15-FC N10	CNPE	8盏	0.8kW	插座
	DZ216L-63/2P-16A-30mA	N11				备用
	DZ216-63/1P-C10A	N12				备用
	DZ216-63/3P-C20A	N13				备用

BV-4×2.5+16-SC40-WC

图 8-5 配电箱系统图

5. 识读高压配电系统图（图 8-6）。

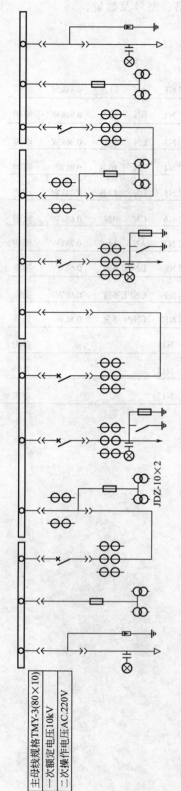

主母线规格TMY-3(80×10)
一次额定电压10kV
二次操作电压AC.220V

JDZ-10×2

高压开关柜编号	1AH	2AH	3AH	4AH	5AH	6AH	7AH	8AH	9AH	10AH	11AH	12AH
用途	1′电源引入	PT	主进	计量	引出线	母线联络	母线分段	引出线	计量	主进	PT	2′电源引入
JYN4-10柜一次方案编号	19改	29	07	27	04	07	20	04	27	07	29	19改
二次原理图图号												
主要原件名称规格	数量	数量	数量	数量	数量	数量	数量	数量	数量	数量	数量	数量
断路器ZN13-10/1250-31.5			1		1	1		1		1		
操动机构CT8			1		1	1		1		1		
电流互感器LZZBJ10-10			150/5^A 3	100/5^A 2	75/5 3	100/5^A 2		75/5^A 3	100/5^A 2	150/5^A 3		
电压互感器JDJ-10		10/0.1kV 2		JDZ-10 2					JDZ-10 2		10/0.1kV 2	
熔断器RN2-10		3		3					3		3	
氧化锌避雷器YCWZ1-12.7/45					3			3				
接地隔离开关JN4-10												
带电显示器GSN1-10/T2	1				1			1				1
避雷器Z2-10	3											3
柜宽/mm	840	840	840	840	840	840	840	840	840	840	840	840
受电					SCZ₃-800/10	母联手动		SCZ₃-800/10				

图8-6　高压配电系统图

注：1AH、6AH、10AH柜开关应闭锁

6. 识读低压配电系统图（图 8-7）。

配电屏编号	5AA								6AA				
型号与规格	GGC1-39(改)								GGD1-38(改)				
屏宽/mm	800								800				
用途	出线								进出线				
仪表	Ⓐ Ⓐ Ⓐ Ⓐ Ⓐ Ⓐ Ⓐ Ⓐ								Ⓐ Ⓐ Ⓐ Ⓐ Ⓐ Ⓐ Ⓥ				

一次系统：10F 20F 30F 40F 50F 60F；SV

回路编号	WP22	WP23	WP24	WP25	WP26	WP27	WP28	WP29	WP30	WP31	WP32	WP33	WP02
负荷名称	十二至十六层空调通风设备	八至十一层空调设备	四至七层空调设备	二层空调设备	三层空调设备	一层空调设备			地下人防层生活水泵	十六层电梯增压泵			空调回路进线
设备容量/kW	102	96	96	31	30	31			26	52			1331
需用系数													
计算负荷/kW	49	46	46	25	24	25			26	64			268
计算电流A	93	88	88	48	46	48			52	49			596
刀开关	HD13-400/31				HD13-400/31				HD13-400/31				HD13-600/31
刀熔开关													
自动开关CM1	100/3340 100A	100/3340 100A	100/3340 100A	100/3300 80A	100/3340 80A	100/3340 80A	100/3300 60A	100/3300 100A	100/3300 80A	100/3300 100A	100/3300 100A	100/3300 80A	600/3300 600A
电流互感器	150/5	150/5	150/5	75/5	75/5	75/5	75/5	150/5	75/5	150/5	150/5	75/5	(750/5)×3
电压表													
转换开关													1
电流表	0～150A	0～150A	0～150A	0～75A	0～75A	0～75A	0～75A	0～150A	0～75A	0～150A	0～150A	0～75A	(0～750A)×3
电度表													DT10CT
型号	VV	VV	VV	VV	VV	VV			VV	BV			VV22
规格	4×35+1×16	4×35+1×16	4×35+1×16	4×35+1×16	4×35+1×16	4×35+1×16			3×25+2×16	3×25+2×16			2(3×185+1×95)
长度/m													
敷设方式					SC50					SC50			
备注													

图 8-7　低压配电系统图

7. 识读火灾自动报警系统图（图8-8）。

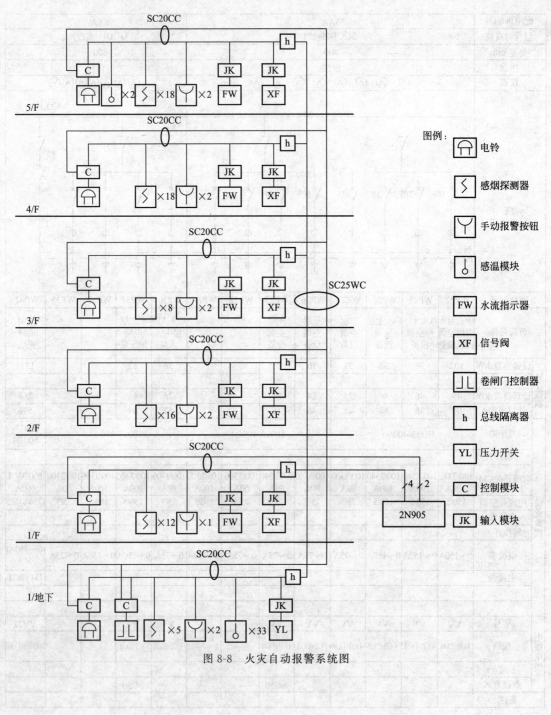

图例：

符号	名称
⏚	电铃
⊿	感烟探测器
Y	手动报警按钮
⊙	感温模块
FW	水流指示器
XF	信号阀
⊔	卷闸门控制器
h	总线隔离器
YL	压力开关
C	控制模块
JK	输入模块

图 8-8　火灾自动报警系统图

8. 识读共用天线电视系统图（图 8-9）。

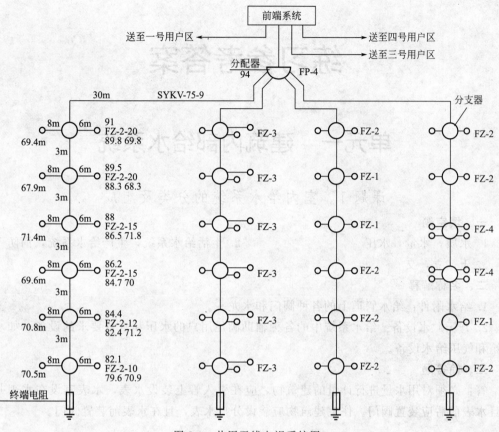

图 8-9 共用天线电视系统图

练习参考答案

单元一　建筑内部给水系统

课题1　室内给水系统的分类及组成

一、填空题

1. 水质，水量，水压　　　　　　　2. 生活给水系统，生产给水系统，消防

3. 干，立，支

二、名称解释

1. 给水附件：给水管道上的各种阀门和水龙头。

2. 升压贮水设备：给水系统中的各种辅助满足用户的水压和水量要求的设备，如水泵、水箱和气压给水设备。

三、简答题

答：必须对用水量进行计量的建筑物，应在引入管上装设水表，水表宜设在水表井内，并且水表前后应装置阀门。住宅建筑物应装设分户水表，且在水表前装置阀门。

课题2　室内给水系统常用管材、管件和附件

一、填空题

1. 无缝钢管，铜管，铸铁管　　　　2. 白铁管，黑铁管

3. 外径×壁厚，mm　　　　　　　　4. 80℃

5. 同一材质，同径

二、判断题

1. √；2. ×；3. ×；4. ×；5. ×；6. √；7. ×；8. ×；9. ×

三、单项选择题

1. D；2. C；3. B；4. A

四、多项选择题

1. A、D；2. A、B、D；3. B、D；4. A、B、C、D

五、简答题

答：(1) 金属管

① 焊接钢管焊接钢管的直径规格用公称直径"DN"表示，单位为 mm。

② 无缝钢管的直径规格用管外径×壁厚表示，符号为 $D×\delta$，单位为 mm。

③ 常用铜管有紫铜管（纯铜管）和黄铜管（铜合金管）。紫铜管主要用 T2、T3、T4、Tup（脱氧铜）制造而成。

④ 铸铁管直径规格均用公称直径表示。

（2）非金属管　熟料给水管用外径表示。钢筋混凝土管用公称内径表示。

课题 3　室内给水系统的给水方式及常用设备

一、填空题

1. 直接给水系统，设有水箱的给水系统，设有水池、水泵和水箱的给水系统，竖向分区给水系统，设气压给水装置的给水系统

2. 变压式气压给水设备，定压式气压给水设备

3. 气压水罐（密闭钢罐），空气压缩机，控制部件，水泵

二、判断题

1. √；2. √；3. ×；4. √

三、简答题

1. 答：建筑内部给水系统给水方式的 6 种基本类型的适用范围及特点如下。① 直接给水方式：该给水方式适用于室外管网水量和水压充足，能够全天保证室内用户用水要求的地区。优点是简单、投资少、安装维修方便、能够充分利用室外管网水压；缺点是无贮备水量，供水的安全可靠性差。② 设水箱的给水方式：该给水方式适用于室外管网水压周期性不足及室内用水要求水压稳定。优点是有一定贮水量，供水安全性较好；缺点是设置了高位水箱不利于抗震、给建筑物的立面处理带来困难。③ 设水泵给水方式：该给水方式多用于当室外管网水压经常不足，并且建筑物不允许设置水箱，允许水泵直接从室外管网吸水和室内用水较均匀时。与设水箱的给水方式相比，优点是系统无高位水箱，有利于抗震；缺点是无贮备水量，供水的安全可靠性差。④ 设水池、水泵和水箱的给水方式：该给水方式多用于当室外给水管网水压经常不足，而且不允许水泵直接从室外管网吸水和室内用水不均匀时。优点是供水安全性更好；水箱容积较小；水泵工作经常处在高效率下，省电；管理可自动化。⑤ 设气压给水方式装置的给水方式：该给水方式适用于室外管网水压经常不足，不宜设置高位水箱的建筑。优点是设备便于隐蔽，安装方便，水质不易受污染，投资省，建设周期短，便于实现自动化等；缺点是调节能力小。⑥ 分区供水方式：该给水方式适用于室外给水管网的压力只能满足建筑物下面几层供水要求的层数较多建筑物。优点是充分利用室外管网水压，具有一定的贮备水量，供水的安全可靠性较好。

2. 答：罐内空气起始压力高于管网所需设计压力，水在压缩空气作用下被送到室内管网。随着水量减少，水位下降，罐内空气容积增大，压力减小，当压力降到最小设计值时，水泵会在压力继电器的作用下自动启动，此时罐内压力上升到最大设计值，水泵又在压力继电器的作用下自动停转，如此往复的工作。

课题 4　室内热水供应系统

一、填空题

1. 热源，加热设备，热水管

2. 局部热水供应系统，集中热水供应系统，局域热水供应系统

3. 自动温控

二、多项选择题

1. A、B、C、D；2. A、B、C、D；3. A、B、C

三、简答题

1. 答：热水管道穿过建筑物的楼板、墙壁和基础时应加套管，热水管道穿越屋面及地

下室外墙壁时应加防水套管。一般套管内径应比通过热水管的外径大2～3号，中间填不燃烧材料再用沥青油膏之类的软密封防水填料灌平。套管高出地面大于等于20mm。

2. 答：塑料热水管材质脆，刚度（硬度）较差，应避免撞击、紫外线照射，故宜暗设。对于外径$D_e \leqslant 25mm$的聚丁烯管、改性聚丙烯管、交联聚乙烯管等柔性管一般可以将管道直埋在建筑垫层内，但不允许将管道直接埋在钢筋混凝土结构墙板内。埋在垫层内的管道不应有接头。外径$D_e \geqslant 32mm$的塑料热水管可敷设在管井或吊顶内。塑料热水管明设时，立管宜布置在不受撞击处，如不能避免时应在管外加保护措施。

课题5　室内给水系统安装

一、填空题

1. 严格防水，柔性防水
2. 5m，1.5～1.8m，高度
3. 塑料，20
4. 基础，预留，预埋件
5. 100～200mm，100mm
6. 进水阀，卫生器具
7. 金属，100mm
8. 8，10～30mm，±10mm
9. 镀锌钢管，≤100mm，＞100mm
10. 防冻防寒
11. 阻燃材料
12. 顶层（或水箱间内），首层，试射
13. 0.002～0.005
14. 过滤器
15. 1.2m，排水
16. 镀锌钢管，焊接钢管
17. 50mm，65mm
18. 挂置式，盘卷式，卷置式，托架式
19. 明装，暗装，半暗装
20. 地上式（SQ），地下式（SQX），墙壁式（SQB）
21. 引入管，干管，立管，支管
22. 直角单阀单出口，45°单阀单出口，单角单阀双出口，单角双阀双出口
23. 湿式，干式，干湿式，雨淋式
24. 水力警铃，水流指示器，压力开关
25. 干管端，各支管始端，进户管始端
26. 收集，贮存，处理
27. 建筑内部中水系统，建筑小区中水系统，城市区域中水系统
28. 中水原水系统，中水原水处理系统，中水供水系统
29. 地脚螺栓，基础，75％
30. 3
31. 底阀，真空引水
32. 70℃，80℃
33. 基础中心线
34. 小于
35. 止回阀，水锤
36. 3.2，0.1
37. 开启状态，关闭状态
38. 100mm，止回阀
39. 25，阀门
40. 螺翼式水表，旋翼式水表
41. 200
42. 40～50
43. 位移，变形
44. 固定支架，活动支架
45. 滚柱，滚珠

二、判断题

1. ×；2. ×；3. √；4. √；5. √；6. √；7. √；8. ×；9. ×；10. √；11. √；12. ×；13. ×；14. √；15. √；16. ×；17. √；18. ×；19. √；20. √；21. ×；22. ×；23. √；24. √

三、单项选择题

1. B；2. D；3. C；4. C；5. B；6. A；7. C；8. C；9. C；10. A；11. C；12. C；13. C；14. B；15. C；16. C；17. A；18. A；19. D；20. C；21. B；22. B；23. C；24. D；25. C

四、多项选择题

1. A、B、C、D；2. B、C；3. A、B；4. B、C；5. B、C；6. A、B、D；7. B、C、D；8. C、D；9. B、C、D；10. A、B、D；11. A、B、D；12. B、C；13. A、C、D；14. A、B、C、D；15. A、D；16. A、B、D；17. A、B、C、D；18. A、B、C、D

五、简答题

1. 答：管道敷设应采取严密的防漏措施，杜绝和减少漏水量。

（1）敷设在垫层、墙体管槽内的给水管管材宜采用塑料、金属与塑料复合管材或耐腐蚀的金属管材；

（2）敷设在有可能结冻区域的供水管应采取可靠的防冻措施；

（3）埋地给水管应根据土壤条件选用耐腐蚀、接口严密耐久的管材和管件，做好相应的管道基础和回填土夯实工作；

（4）室外直埋热水管，应根据土壤条件、地下水位高低、选用管材材质、管内外温差采取耐久可靠的防水、防潮、防止管道伸缩破坏的措施。

2. 答：一般程序是：引入管→水平干管→立管→横支管→支管。

3. 答：立管安装前，应在各层楼板预留孔洞，自上而下吊线并弹出立管安装的垂直中心线，作为安装的基准线；按楼层预制好立管单元管段，即按设计标高，自各层地面向上量出横支管的安装高度，在立管垂直中心线上划出十字线，用尺丈量各横支管三通（顶层为弯头）的距离，得各楼层预制管段长度，用比量法下料，编号存放以备安装使用；每安装一层立管，应按要求设置管卡；校核预留横支管管口高度、方向，并用临时丝堵堵口；给水立管与排水立管、热水立管并行时，应设于排水立管外侧、热水立管右侧；为便于在检修时不影响其他立管的正常供水，每根立管的始端应安装阀门，并在阀门的后面安装可拆卸件（活接头）；立管穿楼板时应设套管，并配合土建堵好预留孔洞，套管与立管之间的环形间隙也应封堵。

4. 答：（1）在试压管段系统中高处装设排气阀，低点设泄水试压装置；（2）向系统内注入洁净水，注水时应先打开管路各高处的排气阀，直至系统内的空气排尽，满水后关闭排气阀和进水阀，当压力表指针移动时，应检查系统有无渗漏，否则应及时维修；（3）打开进水阀，启动注水泵缓慢加压到一定值，暂停加压对系统进行检查，无问题再继续加压，直至达到试验压力值（工作压力的 1.5 倍，但不得小于 0.6MPa），试验压力下稳压 1h，压力降不得超过 0.05MPa，然后在工作压力的 1.15 倍状态下稳压 2h，压力降不得超过 0.03MPa，同时检查各连接处不得渗漏；（4）将水压试验结果填入管道系统试压记录表。

5. 答：多层建筑室内消火栓灭火系统由消火栓、水龙带、水枪、消防卷盘（消防水喉设备）、水泵接合器以及消防管道、水箱、增压设备、水源等组成。

6. 答：自动喷水灭火系统的安装程序一般为：安装准备工作→干管安装→立管安装→水流指示器及报警阀安装→喷洒分层干管安装→管道试压→管道清洗→洒水喷头安装→通水试调等。

7. 答：消火栓给水管道系统安装的一般程序为：安装准备工作→干管安装→立管安装→消火栓箱及支管安装→管道试压→管道防腐→管道清洗等。

8. 答：自动喷水灭火系统由水源、加压贮水设备、喷头、管网、报警装置等组成。根据喷头的开、闭形式和管网充水与否，自动喷水灭火系统分为湿式喷水灭火系统、干式喷水灭火系统、干湿式两用喷水灭火系统、预作用式喷水灭火系统、雨淋喷水灭火系统、水幕灭火系统和水喷雾灭火系统。

9. 答：（1）中水指各种排水经处理后达到规定的水质标准，可在生活市政环境等范围内杂用的非饮用水。

（2）中水水质比生活饮用水质差，比污废水水质好，因此主要有以下用途：①冲洗厕所，用于各种卫生器具的冲洗；②绿化，用于浇灌各种花草树木；③洗车，用于各种汽车的冲洗保洁；④浇洒道路，用于冲洗道路上的污泥赃物或防止道路上的尘土飞扬；⑤空调冷却，用于补充集中式空调系统冷却水蒸发和漏失；⑥用于消防灭火；⑦用于补充各种水景因蒸发或漏失而减少的水量；⑧用于小区垃圾场地冲洗、锅炉的保湿除尘等；⑨用于建筑施工用水。

10. 答：水泵的安装程序为：安装前的准备→放线定位→基础预制→水泵安装及附件安装→泵的试运转。

11. 答：检验方法：满水试验静置 24h 观察，不渗不漏；水压试验在试验压力下 10min 压力不降，不渗不漏。

12. 答：支架的作用是支承管道，并限制管道位移和变形，承受从管道传来的内压力、外荷载及温度变形的弹性力，并通过支架将这些力传递到支承结构或地基上。

13. 答：在固定支架上，管道被牢牢地固定住，不能有任何位移。固定支架应能承受管子及其附件、管内流体、保温材料等的重量（静荷载），同时，还应承受管道因温度压力的影响而产生的轴向伸缩推力和变形压力（动荷载），因此，固定支架必须有足够的强度。

14. 答：导向支架是为了限制管子径向位移，使管子在支架上滑动时，不至于偏移管子轴心线而设置的。

15. 答：（1）位置正确，埋设应平整牢固；

（2）固定支架与管道接触应紧密，固定应牢靠；

（3）滑动支架应灵活，滑托与滑槽两侧间应留有 3～4mm 的间隙，纵向移动量应符合设计要求；

（4）无热伸长管道的吊架、吊杆应垂直安装；

（5）有热伸长管道的吊架、吊杆应向热膨胀的反方向偏移；

（6）固定在建筑结构上的管道支、吊架不影响结构的安全。

单元二　建筑内部排水系统

课题 1　室内排水系统的分类及组成

一、填空题

1. 生活污（废）水排水系统，工业污（废）水排水系统，雨雪水排水系统
2. 污（废）水受水器，排水管道，通气管，清通装置，提升设备
3. 排水支管，排水干管，排出管
4. 检查井，自带清通门的弯头，三通，存水弯

5. 水泵，气压扬液器，手摇泵

二、名词解释

1. 分流制排水系统：如果建筑内部的生活污水与生活废水分别用不同的管道系统排放则称为分流制。

2. 合流制排水系统：如果建筑内部的生活污水与生活废水采用同一管道系统排放则称为合流制。

三、简答题

答：通气管的作用是排出排水管道中的有害气体和臭气、平衡管内压力，减少排水管道内气压变化的幅度，防止水封因压力失衡而被破坏，保证水流畅通。

课题2 室内排水系统常用管材、管件及卫生器具

一、填空题

1. 建筑排水塑料管，排水铸铁管　　　2. 140MPa，1.47MPa

3. 生活污水，生产污水，d_e（公称外径）$\times e$（壁厚）

4. 室内地面水，池底污水　　　5. 洗涤拖布，倾倒污水用

二、判断题

1. √；2. ×

三、简答题

1. 答：（1）生活污水管道应使用铸铁管和塑料管，由成组洗脸盆或饮水器到共用水封之间的排水管和连接卫生器具的排水短管，可使用钢管。

（2）雨水管道宜使用塑料管、铸铁管、镀锌钢管和非镀锌钢管。悬吊式雨水管道应选用钢管、铸铁管和塑料管。易受振动的雨水管应使用钢管。

2. 答：存水弯的作用是在其内形成一定高度（通常为50～100mm）的水封，阻止排水系统中的有害气体或虫类进入室内，保证室内的环境卫生。凡构造内无存水弯的卫生器具与生活污水管道或其他可能产生有害气体的排水管道连接时，必须在排水口以下设存水弯。存水弯的类型主要有S形和P形两种。

3. 答：公共场所的卫生间洗手盆应采用感应式或延时自闭式水嘴。洗脸盆等卫生器具应采用陶瓷片等密封性能良好耐用的水嘴。水嘴、淋浴喷头内部宜设置限流配件。采用双管供水的公共浴室宜采用带恒温控制与温度显示功能的冷热水混合淋浴器。

课题3 屋面雨水排水系统

一、填空题

1. 压力流雨水系统，重力流雨水系统，（堰流式斗）重力流雨水系统

2. 檐沟排水，天沟排水，无沟排水　　　3. 檐沟，雨水斗

4. 伸缩缝，沉降缝，变形缝，0.4　　　5. 建筑排水塑料管，承压塑料管，金属管

二、判断题

1. ×；2. √；3. √

三、单项选择题

1. B；2. A

四、简答题

答：（1）在建筑屋面各汇水范围内，雨水排水立管不宜少于2根。

93

（2）高层建筑裙房屋面的雨水应单独排放；阳台排水系统应单独设置。阳台雨水立管底部应采用间接排水。

（3）屋面排水系统应设置雨水斗，不同设计排水流态、排水特征的屋面雨水排水系统应选用相应的雨水斗。对于屋面雨水管道如按压力流设计时，同一系统的雨水斗宜在同一水平面上。

（4）屋面雨水排水管的转向处宜做顺水连接，并根据管道直线长度、工作环境、选用管材等情况设置必要的伸缩装置。

（5）重力流雨水排水系统中长度大于 15m 的雨水悬吊管应设检查口，其间距不宜大于 20m，且应布置在便于维修操作处。有埋地排出管的屋面雨水排出系统，立管底部应设清扫口。

（6）寒冷地区，雨水立管应布置在室内。雨水管应固定在建筑物的承重结构上。

课题 4　室内排水系统安装

一、填空题

1. 隐蔽，灌水　　　　　　　　　2. 塑料管，铸铁管，混凝土管

3. 检查口，清扫口

4. 便溺用卫生器具，盥洗淋浴用卫生器具，洗涤用卫生器具，专用卫生器具

5. 20m，3.0m　　　　　　　　　6. 检查口，清扫口

二、判断题

1. ×；2. √；3. ×；4. √；5. √；6. √；7. ×；8. ×；9. √；10. √

三、单项选择题

1. D；2. C；3. B；4. B；5. B；6. A；7. B；8. C；9. D；10. C；11. B；12. B；13. C；14. B

四、多项选择题

1. C、D；2. B、D；3. A、B；4. A、C；5. B、C、D；6. A、B；7. A、C；8. A、B

五、简答题

1. 答：室内排水管道安装程序一般是：安装准备工作→排出管安装→底层埋地横管及器具支管安装→立管安装→通气管安装→各层横支管安装→器具短支管安装等。

2. 答：卫生器具安装的一般程序是：安装前的准备工作→卫生器具及配件安装→卫生器具与墙、地缝隙处理→卫生器具外观检查 → 满水、通水试验等。

3. 答：卫生器具交工前应做满水和通水试验。

检验方法：满水后各连接件不渗不漏；通水试验给、排水畅通。

单元三　供暖系统

课题 1　供暖系统的组成及分类

一、填空题

1. 锅炉，供暖管道，散热设备　　　2. 低温水，温水

二、判断题

√

三、单项选择题

D

四、多项选择题

1. A、B、C；2. B、D；3. A、D

五、名词解释

单管系统：热介质顺序流过各组散热器并在它们里面冷却，这样的布置称为单管系统。

课题2 室内供暖系统的系统形式

一、填空题

1. 单双管混合

2. 汽化潜热

二、判断题

√

三、单项选择题

1. C；2. C

四、多项选择题

1. A、B、C、D；2. A、C、D

五、名词解释

同程式系统：在布置供回水干管时，让连接立管的供回水干管中的水流方向一致，通过各个立管的循环环路长度基本相等，这样的系统就是同程式系统。

课题3 室内供暖管道安装

一、填空题

1. 预留孔洞   2. 铁皮   3. 预留孔洞

4. 0.1，0.3   5. 0.2，0.4

二、判断题

1. √；2. ×；3. ×；4. ×；5. √；6. √；7. ×；8. ×；9. √；10. √

三、单项选择题

1. D；2. C

课题4 散热器与辅助设备

一、填空题

1. 对流，辐射   2. 散热器，辐射板，暖风机

3. 0.05，1.5，0.6   4. 通风机，电动机，空气加热器

5. 轴流式，离心式   6. 20

7. 100～250，卧式，立式   8. 600，100

9. 除污器，阻塞

二、判断题

1. ×；2. √；3. √；4. ×；5. ×

三、单项选择题

A

1. A、B、C、D；2. A、B、C、D；3. A、B、C、D

五、简答题

答：试压　散热器组对后，以及整组出厂的散热器在安装前应做水压试验，试验压力如设计无要求时，应为工作压力的 1.5 倍，但不小于 0.6MPa。检验方法是在试验压力下，试验时间为 2～3min，压力不下降且不渗漏。防腐　散热器的除锈刷油可在组对前进行，也可在组对试压合格后进行。一般刷防锈漆两道，面漆一道。待系统整个安装完毕试压合格后，再刷一道面漆。

课题 5　地面辐射供暖

一、填空题

1. 低温热水，发热电缆
2. 加热管，分水器，集水器
3. 100mm，300mm
4. 冷线，热线，冷热线接头

二、判断题

1. √；2. √；3. √；4. ×；5. ×；6. √；7. ×；8. √

三、单项选择题

1. B；2. C

四、多项选择题

1. A、C；2. A、B；3. A、B、C、D

五、简答题

1. 答：分水器、集水器的安装宜在铺设加热管之前进行。其水平安装时，分水器安装在上，集水器安装在下，中心距宜为 200mm，集水器中心距地面不应小于 300mm。在分水器之前的供水管上顺水流方向应安装阀门、过滤器、阀门及泄水管，在集水器之后回水管上应安装泄水阀及调节阀（或平衡阀）。每个支环路供、回水管上均应安装可关断阀门。分水器、集水器上均应设置手动或自动排气阀。

2. 答：水压试验应在系统冲洗之后进行。冲洗应在分水器、集水器以外主供、回水管道冲洗合格后，再进行室内供暖系统的冲洗。水压试验应分别在浇捣混凝土填充层前和填充层养护期满后进行两次，水压试验应以每组分、集水器为单位，逐回路进行。试验压力应为工作压力的 1.5 倍，且不应小于 0.6MPa，在试验压力下，稳压 1h，其压力降不应大于 0.05MPa。

3. 答：（1）温控器的温度传感器安装应按生产企业相关技术要求进行。

（2）温控器安装盒的位置及预埋管线的布置应按设计图纸确定的位置和高度安装。温控器的四周不得有热（冷）源体。

（3）温控器应按说明书的要求接线。

（4）温控器应水平安装，安装后应横平竖直，稳定牢固。盒的四周不应有空隙，并紧贴墙面。

（5）装修时应将温控器封严，以免灰尘或沙土落入。

（6）温控器安装时，应将发热电缆的接地线可靠接地

课题 6　地源热泵系统

一、填空题

1. 水源热泵机组，地热能交换系统，建筑物内系统

2. 地埋管地源热泵系统，地下水地源热泵系统，地表水地源热泵系统

3. 热熔，电熔　　　　　　　　　　4. U 形弯头成品件，直管煨制弯头

二、判断题

1. √；2. √

三、简答题

1. 答：（1）系统施工前应具备区域的工程勘察资料、设计文件和施工图纸，并有经审批的施工组织设计；

（2）对埋管场地应进行地面清理，铲除杂草、杂物，平整场地；

（3）进入现场的地埋管及管件应逐件检查，破损和不合格产品严禁使用，宜采用制造不久的管材、管件；地埋管运抵现场后应用空气试压进行检漏试验。存放中，不得在阳光下曝晒。搬运和运输中，应小心轻放，不得划伤管件，不得抛摔和沿地拖曳。

2. 答：一是要强化埋管与钻孔壁之间的传热，二是要实现密封的作用，避免地下含水层受到地表水等可能的污染。

课题 7　室内燃气管道的安装

一、填空题

1. 人工煤气，液化石油气，天然气　　2. 0.2MPa，0.1MPa

3. 热镀锌钢管，焊接钢管，无缝钢管　　4. 柔性管，波纹补偿器

5. 支撑，10～15mm

二、判断题

1. ×；2. ×；3. √；4. ×；5. ×；6. ×

三、多项选择题

1. A、B、C、D；2. A、B

四、简答题

答：室内燃气管道系统在投入运行前需进行试压、吹扫。室内燃气管道只进行严密性试验。试验范围自调压箱起至灶前倒齿管止或引入管上总阀起至灶前倒齿管接头。试验介质为空气，试验压力（带表）为 5kPa，稳压 10min，压降值不超过 40Pa 为合格。严密性试验完毕后，应对室内燃气管道系统吹扫。吹扫时可将系统末端用户燃烧器的喷嘴作为放散口，一般也用燃气直接吹扫，但吹扫现场严禁火种，吹扫过程中应使房屋通风良好，及时冲淡排除燃气。

单元四　室内给水排水及供暖工程施工图

课题 1　室内给水排水施工图

一、填空题

1. m，二

2. 设计施工说明，给水排水平面图，给水排水系统图，详图

3. 管道的走向，管道与设备的位置关系

4. 图纸上，安装图集，工程实际情况

二、单项选择题

1. B；2. A；3. D；4. C；5. D

1. 管道丁字上接　　　　2. 角阀　　　　　　　3. 截止阀

4. 疏水器　　　　　　　5. 室内消火栓（双口）　6. 水表

课题 2　供暖施工图

一、填空题

1. 设计施工说明，平面图，系统图，详图

2. 散热器的位置及数量

3. 建筑底层（或地下室）平面图，标准层平面图，顶层平面图

二、简答题

1. 答：设计施工说明主要阐述供暖系统的热负荷、热媒种类及参数、系统阻力；采用的管材及连接方法；散热设备及其他设备的类型；管道的防腐保温做法；系统水压试验要求及其他未说明的施工要求等。

2. 答：供暖系统图主要内容有供暖系统入口编号及走向、其他管道的走向、管径、坡度、立管编号；阀门种类及位置；散热器的数量（也可不标注）及管道与散热器的连接形式等。供暖系统图应在 1 张图纸上反映系统全貌，除非系统较大，较复杂，一般不允许断开绘制。

三、识别下列图例

1. 安全阀　　　　　　　2. 自动排气阀　　　　3. 套管式换热器

4. 阻火器　　　　　　　5. 快速接头　　　　　6. 金属软管

课题 3　室内给排水及采暖工程图识读实训

1. 答：从系统图中可以看出，给水系统的编号为 J/1，给水引入管径为 50mm，在室外设有一个截止阀，引入管在室外的标高为 −1.000m；给水立管管径在底层为 50mm，至标高 0.450m 处开始分支，此时立管管径变为 32mm，自立管到脸盆一段的横管管径为 25mm，第一个洗脸盆到第二个洗脸盆的管径改为 20mm，分支管管径为 15mm，洗连盆标高为 1.200mm。给水立管在标高 3.650m 处立管管径变成 25mm，由此分出的给水横管管径也为 25mm，其走向及各用水器具之间的距离及设置与一层完全相同；给水立管在标高 6.850m 处接给水横管，横管管径、用水器具的设置及走向与一、二层相同。

2. 答：从平面图上可看出各层卫生间内的设置完全相同，各层卫生间内均设有蹲式大便器两个、洗脸盆两个、污水池一个，卫生间地面设有地漏一个。有一根给水立管，三根排（污）水立管，其中有两根是排污水立管。同时还可看出给排水立管的位置。

3. 答：从系统图中可以看出，这是一个水平式供暖系统，采用下供下回的形式。供水总管和回水总管标高都为 −1.60m，管径均为 DN50。供水总管按水流方向在标高 −0.90m 处形成两个分支，分支后的管径变为 DN40，分别供给给水立管 1（N1）和给水立管 2（N2）。供水立管 1 在标高 −0.30m 处管径变为 DN32，其沿水平方向把热水供给 1~2 层散热器，供水干管的直径为 DN32。热水在散热器集中散热后，经回水立管 1′（N1′）回到回水干管，在与从回水立管 2′出来的回水汇合后，回水干管的直径变为 DN50，回水干管中的水最终流至外网。

单元五　通风空调系统

课题1　通风空调系统的分类及组成

一、填空题

1. 送风，排风，除尘，气力输送，防、排烟系统

2. 局部通风，全面通风，自然通风，机械通风

3. 机械通风，风机　　　　　　4. 空调，温度，湿度

5. 冷热源，空气输送管网　　　6. 空气调节，空气净化，洁净空调系统

二、简答题

1. 答：通风工程的任务是把室外的新鲜空气送入室内，把室内受到污染的空气排到室外。通风工程的作用在于消除生产过程中产生的粉尘、有害气体、高度潮湿和辐射热的危害，保持室内空气清洁和适宜，保证人的健康和为生产的正常进行提供良好的环境条件。

2. 答：空调的作用是当人或生产对空气环境要求较高，送入未经处理、变化无常的室外空气不能满足要求时，必须对送入内的空气进行净化、加热或冷却、加湿或去湿等各种处理，使空气环境在温度、湿度、速度及洁净度等方面控制在设计范围内。

3. 答：根据空调设备的设置情况可将空调系统分为以下三类。

（1）集中式空调系统，是将各种空气处理设备和风机都集中到空气处理室，对空气进行集中处理后，由送风系统（风管）将处理好的空气送至各个空调房间。

（2）分散式空调系统，把冷源、热源、空气处理设备、风机及自动控制系统等全部组装在一起的空调机组，直接放在空调房间内就地处理空气的一种局部空调方式，例如窗式空调、立式空调柜等。

（3）半集中式空调系统，除有集中的空气处理室外，在各空调房间内还设有二次处理设备（如风机盘管或诱导器），对来自集中处理室的空气进一步补充处理。

课题2　通风空调系统管道的安装

一、填空题

1. 圆形，矩形　　　　　　　　2. 咬口，接口余量

3. 长度，周边长　　　　　　　4. 手工剪切，机械剪切

5. 单咬口，按扣式咬口，手工咬口，机械咬口

6. 风管之间，风管与配件　　　7. 等边角钢，扁钢

8. 对角角钢法，压棱法

9. 风管位置，平直度和坡度，承受风管荷载

10. 托架，吊架　　　　　　　　11. 4，3

12. 法兰接口数量　　　　　　　13. 防雨罩，1.5

14. 防火阀，止回阀

二、判断题

1. √；2. √；3. √；4. ×；5. √；6. √；7. ×；8. √；9. √；10. ×；11. √；12. √

三、单项选择题

1. C；2. D；3. C

四、多项选择题

1. A、B、C、D；2. A、B、D、E；3. A、B、C、D；4. A、B、C

五、简答题

1. 答：常用的管材有金属材料：普通薄钢板、镀锌钢板、不锈钢板、塑料复合板；非金属材料：硬聚氯乙烯板、玻璃钢、混凝土、砖等。

2. 答：风管的加工制作包括放样下料、剪切、薄钢板的咬口、矩形风管的折方、圆形风管卷圆、合口及压实（较厚钢板合口后焊接）、管端部安装法兰等操作过程。

3. 答：风管的安装有组合连接和吊装两部分。组合连接：将预制好的风管及管件，按编号顺序排列在施工现场的平地上，组合连接成适当长度的管段，如用法兰连接应设垫片。吊装：用起重吊装工具如手拉葫芦等，将其吊装就位于支架上，找平找正后用管卡固定即可。

4. 答：蝶阀在与管路焊接时要注意温度控制，防止损坏密封圈。由于蝶阀独特的独轴结构，为保证阀门的正常工作，安装程序中规定：对于口径小于500mm的阀门，在环境允许的情况下，阀门可以在360°范围的任意角度安装；对于口径在500～1000mm的阀门，阀门只能在45°～135°的范围内安装；对于口径大于1000mm的阀门，阀门只能在180°的阀杆水平位置安装。

课题3　通风空调系统设备的安装

一、填空题

1. 找平，找正，1∶2水泥砂浆

2. 150～250，风机的出入口处，噪声

3. 片式，管式，阻抗复合式

4. 旋风除尘器，湿式除尘器，布袋除尘器，静电除尘器

5. 牢固平稳，进出口方向，垂直度

6. 粗效，中效，高效，同级　　　7. 严密无缝

8. 半集中式，空调房间内

9. 保持水平，严密不漏不渗，清污，堵塞

10. 80%，保证坡度　　　11. 表面冷却器，排水装置

二、判断题

1. ×；2. ×；3. ×；4. √；5. ×；6. √；7. √

三、多项选择题

1. A、B、C、D；2. B、C、D；3. A、B、C、E

四、简答题

1. 答：(1) 风机的就位与找平；

(2) 风机的稳固；

(3) 出风弯管或活动金属百叶窗的安装。

2. 答：风机在基础上安装分为直接用地脚螺栓紧固在基础上的直接安装和通过减振器、垫的安装两种形式。

离心式风机有三种基础形式：直联式、联轴器传动式、皮带传动式。

3. 答：根据设计要求确定安装位置；根据安装位置选择支、吊架的类型，并进行支、

吊架的制作和安装；风机盘管安装并找平、固定。

课题 4　高层建筑防烟排烟

一、填空题

1. 防火墙，防火卷帘
2. 防烟楼梯间前室，防烟楼梯间
3. 100m，避难层，避难间
4. 自然排烟设施，机械加压送风设施
5. 走廊，房间，中庭
6. 正压送风口，排烟阀
7. 8h
8. 15，10％

二、判断题

1. √；2. ×；3. √；4. √；5. ×；6. √；7. √

三、名词解释

1. 自然排烟是利用烟气的热压或室外风压的作用，通过与防烟楼梯间及其前室、消防电梯间前室和两者合用前室相邻的阳台、凹廊或在外墙上设置便于开启的外窗或排烟窗进行无组织的排烟。

2. 机械加压送风是通过通风机所产生动力来控制烟气的流动，即通过增加防烟楼梯间及其前室、消防电梯间前室和两者合用前室的压力以防止烟气侵入。

四、简答题

1. 答：如设计在走廊、房间、中庭或地下室采用自然排风，内走廊长度不超过 60m，而且可开启外窗面积不小于该走廊面积的 2％；需要排烟的房间可开启外窗面积不小于该房间面积的 2％；中庭的净高不小于 12m，而且可开启天窗或高侧窗的面积不小于该中庭地面面积的 5％。

2. 答：（1）长度超过 60m 的内走廊或无直接自然通风，而且长度超过 20m 的内走廊；

（2）面积超过 100m²，而且经常有人停留或可燃物较多的地上无窗房间或设置固定窗的房间；

（3）不具备自然排烟条件或净高超过 12m 的中庭；

（4）除具备自然排烟条件的房间外，各房间总面积超过 200m² 或一个房间面积超过 50m²，而且经常有人停留或可燃物较多的地下室。

课题 5　管道防腐与保温

一、填空题

1. 清理，除锈
2. 防锈漆，面漆
3. 防腐保护作用，警告及提示作用，区别介质的种类，美观装饰作用
4. 手工除锈，机械除锈，化学除锈
5. 气孔，鼓泡，开裂
6. 绝热层（保温层），防潮层，保护层

二、判断题

1. ×；2. ×；3. √；4. ×

三、单项选择题

1. D；2. D；3. A

四、多项选择题

1. A、B；2. A、B、C、D；3. A、B、C、D

五、简答题

1. 答：在金属管道与设备表面涂刷防腐材料，主要是为防止或减缓金属管材、设备的

腐蚀，延长系统的使用寿命；有时为起警告、提示作用，也在管道、设备的外表面上涂刷不同色彩的防腐涂料。

2. 答：（1）防腐作业一般应在系统试压合格后进行。（2）防腐作业现场应有足够场地，作业环境应无风沙、细雨，气温不宜低于 5℃，不宜高于 40℃，相对湿度不宜大于 85％。（3）涂装现场应有防风、防火、防冻、防雨措施。（4）防止中毒事故发生，根据涂料的性能，按安全技术操作规程进行施工。（5）备齐防腐操作所需机具，如钢丝刷、除锈机、砂轮机、空压机、喷枪、毛刷等。

3. 答：（1）合理地选用管材；（2）涂覆保护层；（3）添加衬里；（4）电镀；（5）采取电化学保护。

4. 答：（1）保温施工应在除锈、防腐和系统试压合格后进行，注意并保持管道与设备外表面的清洁干燥。（2）保温结构层应符合设计要求。一般保温结构由绝热层、防潮层和保护层组成。（3）保温层的环缝和纵缝接头不得有空隙，其捆扎铁丝或箍带间距为 150～200mm，并扎牢。防潮层、保护层搭接宽度为 30～50mm。（4）防潮层应严密，厚度均匀，无气孔、鼓泡和开裂等缺陷。（5）石棉水泥保护层，应有镀锌铁丝网，抹面分两次进行，要求平整、圆滑、无显著裂缝。（6）缠绕式保护层，重叠部分为带宽的 1/2。应裹紧，不得有皱褶、松脱和鼓包。起点和终点扎牢并密封。（7）阀件或法兰处的保温应便于拆装，法兰一侧应留有螺栓的空隙。法兰两侧空隙可用散状保温材料填满，再用管壳或毡类材料绑扎好，再做保护层。

5. 答：操作方法是先按管径大小，将棉毡剪裁成适当宽度的条块，再把这种块缠包在已做好防腐层的管子上。包缠时应将棉毡压紧，边缠、边压、边抽紧，使保温后的密度达到设计要求。如果一层棉毡的厚度达不到保温层厚度时，可用多层分别缠包，要注意两层接缝错开。每层纵横向接缝处用同样的保温材料填充，纵向接缝应在管顶上部。

6. 答：先在保温层外贴一层石油沥青油毡，然后包一层六角镀锌钢丝网，钢丝网接头处搭接宽度不应大于 75mm，并用 16 号镀锌钢丝绑扎平整；然后涂抹湿沥青橡胶粉玛蹄脂 2～3mm 厚；再用厚度为 0.1mm 玻璃布贴在玛蹄脂上，玻璃布纵向和横向搭接宽度应不小于 50mm；最后在玻璃布外面刷调合漆两道。

课题6　太阳能空调系统

一、填空题

1. 太阳能，生物质能，超导地源制冷系统

2. 太阳能集热系统，热力制冷系统，蓄能系统

3. 太阳能制冷系统，太阳能采暖系统

二、判断题

1.√；2.×；3.√；4.√；5.√；6.×

课题7　通风空调工程施工图

一、填空题

1. 剖面图，系统图，原理图，详图　　　　2. 系统编号，送回风口

3. 冷热水管道，凝结水管道，介质流向，坡度

4. 空气处理设备，风管系统，水管系统，尺寸标注

5. 系统剖面图，机房剖面图，冷冻机房剖面图

6. 风管底标高，风管中心标高   7. 独立性，完整性，分系统

8. 冷冻水，热水，蒸汽   9. 制冷设备，空调箱，循环使用

二、判断题

1. ×；2. √；3. ×；4. √

三、多项选择题

1. A、B、C、D；2. A、D；3. B、C

四、简答题

1. 答：通风空调系统平面图包括建筑物各层面各通风空调系统的平面图、空调机房平面图、制冷机房平面图等。

（1）系统平面图主要说明通风空调系统的设备、风管系统、冷热媒管道、凝结水管道的平面布置。

① 风管系统包括风管系统的构成、布置及风管上各部件、设备的位置，并注明系统编号、送回风口的空气流向。一般用双线绘制。

② 水管系统包括冷、热水管道、凝结水管道的构成、布置及水管上各部件、仪表、设备位置等，并注明各管道的介质流向、坡度。一般用单线绘制。

③ 空气处理设备包括各处理设备的轮廓和位置。

④ 尺寸标注包括各管道、设备、部件的尺寸大小、定位尺寸以及设备基础的主要尺寸，还有各设备、部件的名称、型号、规格等。除上述之外，还应标明图纸中应用到的通用图、标准图索引号。

（2）通风空调机房平面图一般应包括空气处理设备、风管系统、水管系统、尺寸标注等内容。

① 空气处理设备应注明按产品样本要求或标准图集所采用的空调器组合段代号，空调箱内风机、表面式换热器、加湿器等设备的型号、数量以及该设备的定位尺寸。

② 风管系统包括与空调箱连接的送、回风管、新风管的位置及尺寸，用双线绘制。

③ 水管系统包括与空调箱连接的冷、热媒管道，凝结水管道的情况。用单线绘制。

2. 答：空调水管道系统包括：空调冷冻水（冷媒）循环系统；冷却水循环系统；热水（热媒）循环系统；软水补水系统和凝结水管。凝结水管是排除在夏季空调系统运行时产生的凝结水的管道。

五、识别下列图例

1. 风管向上   2. 天圆地方   3. 软风管   4. 圆形风口

5. 插板阀   6. 防烟、防火阀   7. 挡水板   8. 减震器

课题 8 通风空调工程施工图识读实训

一、简答题

答：（1）先阅读图纸目录以了解该工程图纸张数、图纸名编号等概况。

（2）阅读设计施工说明，从中了解系统的形式、系统的划分及设备布置等工程概况。

（3）仔细阅读有代表性的图纸。在了解工程概况的基础上，根据图纸目录找出反映通风空调系统布置、空调机房布置、冷冻机房布置的平面图，从总平面图开始阅读，然后阅读其

他平面图。

（4）阅读辅助性图纸。平面图不能清楚地全面地反映整个系统情况，因此，应根据平面图上的提示的辅助图纸（如剖面图、详图）进行阅读。对整个系统情况，可配合系统图阅读。

（5）最后阅读其他内容。在读懂整个系统的前提下，再回头阅读施工说明及设备材料明细表，了解系统的设备安装情况、零部件加工安装详图，从而把握图纸的全部内容。

二、识图题

答：从几张平面图中，可以了解这个带有新、回风的空调系统的情况。首先是建筑物内的空气从各回风管道的回风口被吸入地下室的空调机房，然后从空调机组的③段的进风口进入空调机组。同时新风也从室外被吸入到空调机房，并从空调机组的进风口进入空调机组。新风与回风混合经过空调箱处理后，经送风管通过通风竖井送至各层送风管道的送风口将空气送至室内。这显然是一个一次回风（新风与室内回风在空调箱内混合一次）的全空气系统。

三、绘图题（答案略）

单元六　建筑电气设备和系统

课题 1　建筑电气设备、系统的分类及基本组成

一、填空题

1. 建筑物的自动化 BA，通信系统的自动化 CA，办公业务的自动化 OA

2. 接收天线，前端设备，传输设备分配网络

3. 放大器，分配器，分支器

4. 天线安装，系统前端设备安装，线路敷设

5. 塑料胀管，木螺钉

6. 环状，两根

7. 实芯同轴电缆，藕芯同轴电缆

8. 天线系统调试，前端设备调试

9. 火灾探测系统，火灾自动报警系统及消防联动系统，自动灭火系统

10. 消火栓，消防系统，自动喷洒系统

11. 气体探测式，复合式和智能型

12. 异常温度，温升速率，温差

13. 红外，紫外，可见光

14. 区域报警控制器，集中报警控制器

15. 公共广播系统，厅堂扩声系统

16. 节目源设备，放大和处理设备，传输线路

17. 通信系统，卫星数字电视及有线电视系统，公共广播

18. 电话交换设备，传输系统，用户终端设备

19. 话路系统，中央处理系统，输入输出系统

20. 交换动作的顺序，存储器

21. 分线箱（盒），交接箱

22. 15，10

23. 主干电缆（或干线电缆），分支电缆（或配线电缆），用户线路

二、简答题

1. 答：共用天线电视接收系统一般由接收天线、前端设备、传输设备分配网络和用户终端组成。接收天线的作用是获得地面无线电视信号、调配广播信号、微波传输电视信号和卫星电视信号。前端设备主要包括天线放大器、混合器、干线放大器等。传输分配网络由线路放大器、分配器、分支器和传输电缆等组成。分支器的作用是将干线信号的一部分送到支线，分支器与分配器配合使用可组成形形色色的传输分配网络。在分配网络中各元件之间均用传输电缆连接，构成信号传输的通路。传输电缆一般采用同轴电缆，可分为主干线、干线、分支线等。主干线接在前端与传输分配网络之间；干线用于分配网络中各元件之间的连接；分支线用于分配网络与用户终端的连接。用户终端又称为用户接线盒，是共用天线电视系统供给电视机电视信号的接线器。

2. 答：共用天线电视系统的安装主要包括天线安装、系统前端设备安装、用户盒安装、系统防雷接地、系统供电、线路敷设、系统调试与验收。

3. 答：CATV 系统在安装中应注意如下事项。

（1）线路应尽量短直，安全稳定，便于施工及维护。前端设备箱一般安装在顶层，尽量靠近天线，与其距离不应超过 15m。

（2）电缆管道敷设应避开电梯及其他冲击性负荷干扰源，与其保持 2m 以上距离；与一般电源线（照明线）在钢管敷设时，间距也应不小于 0.5m。

（3）系统中应尽量减少配管弯曲次数，且配管弯曲半径应不小于 10 倍管径，在拐弯处要预留余量。

（4）前端设备箱距地 1.8m，预埋箱件一般距地 0.3m（或 1.8m），便于安装、维修。

（5）配管切口不应损伤电缆，伸入预理箱体不得大于 10mm。SYV-75-9 电缆应选 ϕ25mm 管径，SYV-75-5-5-1 电缆应选 ϕ10mm 管径（或按图纸要求）。

（6）管长超过 25m 时，须加接线盒。电缆连接应在盒内处理。

（7）线缆在铺设过程中，不应受到挤压、撞击和猛拉变形，穿线时可使用滑石粉以免对电缆施加强力操作，造成线缆划伤。

（8）明线敷设时，对有阳台的建筑，可将分配器、分支器设置在阳台遮雨处。电缆沿外墙敷设，由门窗入户。对于无阳台的建筑，可将分配器、分支器设置在走廊内。明缆敷设可利用塑料涨塞、压线卡子等件，要求走线横平、竖直，每米不得少于一个卡子。

（9）两建筑物之间架设空中电缆时，应预先拉好钢索绳，然后将电缆挂上去，不宜过紧。架空电缆最好不超过 30m。

（10）卫星接收天线应在避雷针保护范围内，避雷装置应有良好接地系统，接地电阻应小于 4Ω。

（11）避雷装置的接地应独立走线，不得将防雷接地与接收设备的室内接地线共用。

（12）系统所有支路的末端及分配器、分支器的空置输出端口均应接 75Ω 终端电阻。

4. 答：火灾自动报警系统由火灾探测系统、火灾自动报警系统、消防联动系统和自动灭火系统等部分组成。火灾自动报警系统的功能是，自动捕捉火灾检测区域内火灾发生时的烟雾或热气，从而能够发出声光报警，并有联动其他设备的输出接点，能够控制自动灭火系统、事故广播、事故照明、消防给水和排烟系统，实现检测、报警和灭火的自动化。

5. 答：根据火灾探测方法和原理，火灾探测器主要有感烟式、感温式、感光式、可燃气体探测式和复合式等主要类型。各种类型又可分为不同型式，按其结构造型分类，可分为点型和线型两大类。

（1）感烟火灾探测器用以探测火灾初期燃烧所产生的气溶胶或烟粒子浓度。感烟火灾探测器分为离子型、光电型、电容式或半导体型等类型。

（2）感温火灾探测器响应异常温度、温升速率和温差等火灾信号。常用的有定温型——环境温度达到或超过预定值时响应；差温型——环境温升速率超过预定值时响应；差定温型——兼有差温、定温两种功能。

（3）感光火灾探测器主要对火焰辐射出的红外、紫外、可见光予以响应，故又称火焰探测器。常用的有红外火焰型和紫外火焰型两种。

（4）可燃气体火灾探测器主要用于易燃、易爆场所中探测可燃气体的浓度。可燃气体火灾探测器目前主要用于宾馆厨房或燃料气储备间、汽车库、压气机站、过滤车间、溶剂库、炼油厂、燃油电厂等存在可燃气体的场所。

（5）复合火灾探测器可响应两种或两种以上火灾参数，主要有感温感烟型、感光感烟型、感光感温型等。

6. 答：各中报警控制器的作用如下。

（1）区域报警控制器用于火灾探测器的监测、巡检、供电与备电，接收监测区域内火灾探测器的报警信号，并转换为声光报警输出，显示火灾部位等。其主要功能有火灾信号处理与判断、声光报警、故障监测、模拟检查、报警计时备电切换和联动控制等。

（2）集中报警控制器用于接收区域控制器发送的火灾信号，显示火灾部位和记录火灾信息，协调联动控制和构成终端显示等。主要功能包括报警显示，控制显示、计时、联动连锁控制，信息传输处理等。

7. 答：建筑物的广播音响系统一般可归纳为三种基本类型：公共广播系统、厅堂扩声系统、专用的会议系统。公共广播系统是面向公众区、面向宾馆客房等的广播音响系统，它包括背景音乐和紧急广播功能。厅堂扩声系统是指礼堂、剧场、体育场馆、歌舞厅、宴会厅、卡拉OK厅等的音响系统。专用的会议系统如同声传译系统等。广播音响系统由可用节目源设备、放大和处理设备、传输线路、扬声器系统组成。

8. 答：常用市话电缆有HQ型纸绝缘铅包市话电缆、HYQ型聚氯乙烯绝缘铅包市话电缆。建筑物内的电话干线常采用HPVV型塑料绝缘塑料护套通信电缆。引至电话机的配线通常采用RVS2×0.5塑料绝缘的软绞线。电话线缆的敷设应符合《城市住宅区和办公楼电话通信设施验收规范》（YD 5048—1997）的有关规定。

9. 答：干线电缆的配线方式有单独式、复接式、递减式、交接式和混合式。

（1）单独式：采用这种配线方式时，从总交接箱（或总配线架、总配线箱）分别直接引出各个楼层的配线电缆（各楼层所需电缆对数根据需要确定）到各个分配线箱，然后采用塑料绝缘导线作为用户线从分线箱引至各电话终端出线盒。各个楼层的电缆采取分别独立的直接供线。

该方式的优点是各层电缆彼此相对独立，互不影响，发生故障时容易判断和检修；其缺点是电缆数量较多，工程造价较高，电缆线路网的灵活性差，各层的线对无法充分利用，线路利用率不高。这种方式适用于各楼层需要线对较多且较为固定不变的建筑物，如高级宾馆或办公写字楼的标准层。

（2）复接式：由同一条上升电缆接出各个楼层配线电缆，各个楼层之间的电缆线对部分复接或全部复接，复接的线对根据各层需要来决定。每线对的复接次数一般不超过两次，各个楼层的电话电缆由同一条上伸电缆接出，不是单独供线。

这种配线工程造价低，且可以灵活调度，缺点是楼层间相互影响、不便于维护检修。复接式一般适用于各楼层需要的电缆线对数量不均匀、变化比较频繁的场合。

（3）递减式：各个楼层线对互相不复接，楼层之间的电缆线对引出使用后，上升电缆逐段递减。这种配线方式发生故障时容易判断和检修，但灵活性较差，各层的线对无法充分使用，线路利用率不高。递减式一般适用于各层所需电缆线对数量不均匀且无变化的场合，如规模较小的宾馆、办公楼及高级公寓等。

（4）交接式：将整个建筑物分为几个交接配线区域，每个区域由若干楼层组成，并设一个容量较大的分线箱，再将出线电缆接到各层容量较小的分线箱。即各层配线电缆均分别经有关交接箱与总交接箱（或配线架）连接。这种方式各楼层配线电缆互不影响，主干电缆芯线利用率高，适用于各层需要线对数量不同且变化较多的场合，如规模较大、变化较多的办公楼、高级宾馆、科技贸易中心等。

（5）混合式：这种方式是根据建筑物内的用户性质及分区的特点，综合利用以上各种配线方式的特点而采用的混合配线方式，因而适用场合较多，尤其适用于规模较大的公共建筑。

课题 2 建筑电气设备的构成及选择

一、填空题

1. 绝缘导线，裸导线

2. 电气装置，元件

3. 室内外

4. 缆芯，绝缘层，保护层

5. 硬母线，软母线

6. 单投，双投，三极

7. 过电流，过负荷，远处控制分闸

8. 短路电流

9. 螺旋式，管式

10. 1000，1500

11. 零序电流互感器，漏电脱扣器，主开关

12. 铁芯，绕组，冷却装置

二、判断题

1. ×；2. √；3. √；4. ×；5. ×；6. √；7. ×；8. √；9. ×；10. √；11. ×；12. ×；13. √；14. √；15. ×；16. √；17. ×；18. √；19. ×；20. √；21. ×；22. √

三、单项选择题

1. B；2. C；3. D；4. C；5. B；6. A；7. C

四、多项选择题

1. A、B、C、D；2. A、B、C；3. A、C、D；4. B、C、D

五、解释下列导线型号的含义

1. TJRX：镀锌软铜绞线。

2. BXR-10：导线截面为 10mm^2 的铜芯橡皮软线。

3. BLVV-2.5：导线截面为 2.5mm^2 的铝芯塑料护套线。

4. VLV_{22}-4×70＋1×25：表示 4 根截面为 70mm^2 和 1 根截面为 25mm^2 的铝芯聚氯乙烯绝缘钢带铠装聚氯乙烯护套电力电缆。

5. SYV-75-3：实芯聚乙烯绝缘射频同轴电缆，特性阻抗为 75Ω。

六、名词解释

1. 一次额定电压：是根据变压器的绝缘强度和允许发热程度而规定的原边应加的正常工作电压。

2. 额定电流：是指一次额定电流和二次额定电流是根据变压器允许发热程度而规定的一次与二次中长期容许通过的最大电流值。

3. 额定容量：是指变压器在额定工作条件下的输出能力，即视在功率，单位为千伏安（kVA）。

4. 额定频率：是指变压器运行时允许的外加电源频率。我国电力变压器的额定频率为 50Hz。

5. 温升：是指变压器额定运行时，允许内部温度超过周围标准环境温度的数值。

6. 变压器的效率：是指变压器输出有功功率 P_2 与输入有功功率 P_1 之比，一般用百分数表示。

七、简答题

1. 答：无绝缘层的导线称为裸导线。裸导线主要由铝、铜、钢等制成。裸导线分为裸单线（单股线）和裸绞线（多股绞合线）两种。裸绞线按材料分为铝绞线、钢芯铝绞线、铜绞线；按线芯的性能可分为硬裸导线和软裸导线。硬裸导线主要用于高、低压架空电力线路输送电能，软裸导线主要用于电气装置的接线、元件的接线及接地线等。

2. 答：具有绝缘包层（单层或数层）的电线称为绝缘导线。绝缘导线按线芯材料分为铜芯和铝芯；按线芯股数分为单股和多股；按结构分为单芯、双芯、多芯等；按绝缘材料分为橡皮绝缘导线和塑料绝缘导线等。

3. 答：电缆是一种多芯导线，即在一个绝缘软套内裹有多根相互绝缘的线芯。电缆的基本结构是由缆芯、绝缘层、保护层三部分组成。电缆按导线材质可分为：铜芯电缆、铝芯电缆；按用途可分为：电力电缆、控制电缆、通信电缆、其他电缆；按绝缘可分为橡皮绝缘、油浸纸绝缘、塑料绝缘；按芯数可分为单芯、双芯、三芯、四芯及多芯。

4. 答：常用的电力电缆如下。

（1）油浸纸绝缘电力电缆。这种电缆耐压强度高，耐热性能好、介质损耗低、使用寿命长，但它的制造工艺复杂，敷设时弯曲半径大，低温敷设时，需预先加热，施工困难，且电缆两端水平差不宜过大，民用建筑内配电不宜采用。

（2）聚氯乙烯电力电缆。该电缆制造工艺简单，没有敷设高差限制，重量轻，弯曲性能好，敷设、连接及维护都比较方便，抗腐蚀性能好，不延燃，价格便宜，在民用建筑低压电气配电系统中得到广泛应用。

（3）橡胶绝缘电力电缆。此类电缆弯曲性能好，耐寒能力强，尤其适用于水平高差大和垂直敷设的场合，但其允许运行温度低，耐压及耐油性能差，价格较贵，一般室内配电使用不多。

（4）交联聚乙烯、绝缘聚乙烯护套电力电缆。该电缆绝缘性能强，工作电压可达35kV。耐热性能好，工作温度可达80℃，抗腐蚀、重量轻，载流量大，但价格较贵，且有延燃性，适用于电缆两端水平高差较大的场合。

（5）矿物绝缘电缆。矿物绝缘电缆简称 MI 电缆，国内习惯称为氧化镁电缆或防火电缆，它是由矿物材料氧化镁粉作为绝缘的铜芯铜护套电缆，矿物绝缘电缆由铜导体、氧化镁、铜护套两种无机材料组成。该电缆绝缘性能强，载流量大，防火、防水、防爆性好，寿命长、无卤无毒；耐过载、铜护套可以作接地线。矿物绝缘电缆广泛应用于高层建筑、石油化工、机场、隧道、船舶、海上石油平台、航空航天、钢铁冶金、购物中心、停车场等场合。

5. 答：母线（又称汇流排）是用来汇集和分配电流的导体，有硬母线和软母线之分。软母线用在 35kV 及以上的高压配电装置中，硬母线用在工厂高、低压配电装置中。硬母线按材料分为硬铜母线（TMY）和硬铝母线（LMY），其截面形状有矩形、管形、槽形等。

6. 答：漏电保护断路器的工作原理是在负载正常工作的时候，相线电流 I_1 和中性线电流 I_2 相等，漏电流 I_0 为零，电流感应器中无感应电流，保护器不动作。当设备绝缘损坏或发生人身触电时，则有漏电流 I_0 存在。此时，相线 I_1 和中性线 I_2 的电流不相等，经过高灵敏零序电流互感器检出，并感应出电压信号，经过放大器 IC 放大后，送脱扣器，脱扣器动作，切断电源。试验按钮 SB 用于检验漏电保护断路器的可靠性。

7. 答：变压器安装注意事项如下。

（1）安装前，建筑工程应具备的条件

① 顶板、墙体涂料作业完毕，门窗安装完毕。对变压器采取有效的覆盖措施，防止土建装修工程对设备、变压器的污染与损坏。

② 室内地面的基层施工完毕，并在墙上标出地面标高。

③ 混凝土基础及构架达到允许安装的强度，构件的焊接质量符合要求。

④ 按施工图要求预埋件和预留孔洞，且预埋件牢固。

⑤ 地面清洁无杂物，作业场地足够，道路通畅。

⑥ 变压器轨道安装完毕并符合设计要求。安装干式变压器室内应无灰尘，相对湿度宜保持在 70% 以下。箱式变电所的基础应高于室外地坪，周围排水通畅。

（2）成品保护

① 变压器室门应加锁，未经施工单位许可，非工作人员不得入内。

② 防止变压器的高、低压瓷套管及环氧树脂铸件被砸或被碰撞。

③ 保持变压器器身清洁，油漆面完好，防止异物掉入干式变压器的线圈内。

④ 在变压器上方作业时，操作人员不得蹬踩变压器，并对变压器进行全方位保护，防止异物落下，损伤设备。

⑤ 保护安装好的电气管线及其支架，避免损坏电器元件和仪表，不得随意拆卸设备部件。

（3）安全环保措施

① 进行干燥作业和过滤绝缘油时，应谨慎作业，并备好消防器材，防止变压器芯部绝缘物、绝缘油和滤油纸着火。

② 变压器施工时固体废弃物应统一回收到规定的地点存放清运。

③ 废变压器油应进行回收，防止造成土壤和水体污染。

④ 变压器搬运时，在施工场地内车速不能过快，并注意防止粉尘飞扬。

单元七　建筑供配电及照明系统

课题1　供配电系统

一、填空题

1. 变电，送配电
2. 变换电压，控制
3. 电能分配
4. 10kV，架空，电缆
5. 装置，线路
6. 传输电流，输送电能
7. 绝缘性能，足够的机械强度
8. 联结金具，横担固定金具
9. 转角杆，终端杆
10. 木横担，贴横担，瓷横担
11. 角钢横担上，16mm²
12. 电压系列，型号，规格
13. 型号，规格
14. 电缆的根数，间距
15. 1m，留有备用余量
16. 钢电缆桥架，铝合金电缆桥架
17. 梯架，组合托盘
18. 首端，中间段，尾端
19. 密封，线路畅通
20. 腐蚀性气体，机械损伤
21. 墙壁，桁架，墙壁，地坪
22. 材质，规格，水煤气管，薄壁管，塑料管
23. 敷设方式，钢管种类
24. 90°，弯管器，弯管机
25. 圆钢，扁钢
26. 金属软管，塑料软管

二、判断题

1. ×；2. √；3. √；4. ×；5. ×；6. ×；7. √；8. √；9. ×；10. ×；11. √；12. ×；13. ×；14. √；15. √；16. ×；17. ×；18. ×

三、单项选择题

1. B；2. C；3. D；4. C；5. B；6. C；7. B；8. A；9. C；10. B；11. C；12. B；13. C；14. C；15. A；16. D；17. B；18. D；19. C

四、多项选择题

1. A、C、D；2. A、B、C；3. B、C、D

五、绘图题

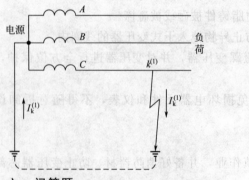

六、问答题

1. 答：低压配电系统的配电方式有放射式、树干式及混合式等。（1）放射式配电方式

的优点是各个负荷独立受电，供电可靠。缺点是设备和材料消耗量大。放射式配电一般多用于对供电可靠性要求高的负荷或大容量设备。（2）树干式配电方式的优点是节省设备和材料。缺点是供电可靠性较低，干线发生故障时，对系统影响范围大。树干式配电在机加工车间中使用较多，可采用封闭式母线，灵活方便且比较安全。（3）放射式和树干式相结合的配电方式即为混合式配电，该方式综合了放射式和树干式的优点，故得到了广泛的应用。

2. 答：TN 系统分为 TN-C 系统、TN-S 系统和 TN-C-S 系统。TN-S 系统的中性线与保护线是分开的；TN-C-S 系统中有一部分中性线与保护线是合一的；TN-C 系统中，整个系统的中性线与保护线是合一的。在 TN-C、TN-S 和 TN-C-S 系统中，为确保 PE 线或 PEN 线安全可靠，除电源中性点直接接地外，对 PE 线和 PEN 线还必须设置重复接地。

3. 答：架空线路的组成部分及作用如下。

（1）导线的作用是传导电流，输送电能。

（2）绝缘子的作用是用来固定导线并使带电导线之间及导线与接地的电杆之间保持良好的绝缘，同时承受导线的垂直荷重和水平荷重。

（3）避雷线的作用是把雷电流引入大地，以保护线路绝缘，免遭大气过电压（雷击）的侵袭。

（4）金具的作用是用来固定横担、绝缘子、拉线、导线等的各种金属联结件。

（5）电杆用来支持导线和避雷线，并使导线与导线间、导线与电杆间、导线与避雷线间以及导线与大地、公路、铁路、河流、弱电线路等被跨物之间，保持一定的安全距离。

（6）横担的作用是安装绝缘子、开关设备、避雷器等。

4. 答：架空配电线路施工的主要内容包括：线路路径选择、测量定位、基础施工、杆顶组装、电杆组立、拉线组装、导线架设及弛度观测、杆上设备安装以及架空接户线安装等。

5. 答：电缆的敷设方式有直接埋地敷设、电缆隧道敷设、电缆沟敷设、电缆桥架敷设、电缆排管敷设、穿钢管、混凝土管、石棉水泥管等管道敷设，以及用支架、托架、悬挂方法敷设等。

6. 答：电缆直埋敷设的施工程序如下：电缆检查→挖电缆沟→电缆敷设→铺砂盖转→盖盖板→埋标桩。

7. 答：电缆敷设在电缆沟或隧道的支架上时，电缆应按下列顺序排列：高压电力电缆应放在低压电力电缆的上层；电力电缆应放在控制电缆的上层；强电控制电缆应放在弱电控制电缆的上层。若电缆沟或隧道两侧均有支架时，1kV 以下的电力电缆与控制电缆应与1kV 以上的电力电缆分别敷设在不同侧的支架上。

8. 答：（1）电缆在多孔导管内的敷设，应采用塑料护套电缆或裸铠装电缆。

（2）多孔导管可采用混凝土管或塑料管。

（3）多孔管应一次留足备用管孔数；当无法预计发展情况时，可留 1～2 个备用孔。

（4）当地面上均布荷载超过 $10t/m^2$ 或通过铁路及遇有类似情况时，应采取防止多孔导管受到机械损伤的措施。

（5）多孔导管孔的内径不应小于电缆外径的 1.5 倍，且穿电力电缆的管孔内径不应小于 90mm；穿控制电缆的管孔内径不应小于 75mm。

（6）多孔导管的敷设，应符合下列规定：多孔导管的敷设时，应有倾向人孔井侧大于等于 0.2％的排水坡度，并在人孔井内设集水坑，以便集中排水；多孔导管顶部距地面不应小于 0.7m，在人行下面时不应小于 0.5m；多孔导管沟底部应垫平夯实，并应铺设厚度大于

111

等于 60mm 的混凝土垫层。

（7）采用多孔导管敷设，在转角、分支或变更敷设方式改为直埋或电缆沟敷设时，应设电缆人孔井。在直接段上设置的电缆人孔井，其间距不宜大于 100m。

（8）电缆人孔井的净空高度不应小于 1.8m，其上部人孔的直径不应小于 0.7m。

9．答：导管敷设一般从配电箱开始，逐段配至用电设备处，或者可从用电设备端开始，逐段配至配电箱处。钢管暗设施工程序如下：熟悉图纸→选管→切断→套丝→煨弯→按使用场所刷防腐漆→进行部分管与盒的连接→配合土建施工逐层逐段预埋管→管与管和管与盒（箱）连接→接地跨接线焊接。

10．答：管内穿线要求如下。

（1）不同回路、不同电压等级和交流与直流的电线，不应穿于同一导管内；同一交流回路的电线应穿于同一金属导管内，且管内电线不得有接头。

（2）爆炸危险环境照明线路的电线和电缆额定电压不得低于 750V，且电线必须穿于钢导管内。

（3）电线、电缆穿管前，应清除管内杂物和积水。管口应有保护措施。不进入接线盒（箱）的垂直管口穿入电线、电缆后，管口应密封。

课题 2　建筑电气照明

一、填空题

1．一般照明，局部照明，混合照明　　　　2．备用照明

3．安全照明　　　　　　　　　　　　　4．60，最高

5．热辐射，气体放电，气体放电　　　　6．高压汞气体放电，外镇流，自镇流

7．镇流器，启动器　　　　　　　　　　8．木台，灯座

9．划线，预埋螺栓，上木台，接焊包头　　10．5

11．专设的框架，灯具外壳　　　　　　12．2.5

13．36，专用保护　　　　　　　　　　14．0.15～0.2，1.3，2～3

15．暗，横，开灯，关灯　　　　　　　16．0.3，0.15，一致

17．1.5‰，1.5m，1.8m　　　　　　　18．30mA，0.1s

19．每芯导体电阻　　　　　　　　　　20．±7％，+7％，−10％

21．90％　　　　　　　　　　　　　　22．力矩扳手

23．2％，4％

二、判断题

1．×；2．×；3．√；4．×；5．×；6．√；7．√；8．√；9．×；10．×；11．√；12．×；
13．√；14．×；15．×；16．×；17．√；18．√；19．×

三、单项选择题

1．C；2．D；3．A；4．C；5．B；6．A；7．C；8．D

四、多项选择题

1．B、C；2．C、D；3．A、D；4．B、C；5．A、B、C、D；6．A、B、C；7．B、C、D

五、绘图题

答：荧光灯控制线路的接线图和平面图如下，图（a）表示接线图，图（b）表示平面图，图中的 1、2、3 分别表示灯管、启动器、镇流器。

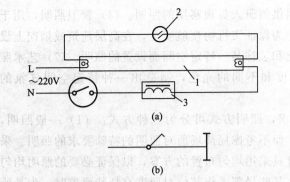

(a)

(b)

六、识图题

答：在正常照明时，楼梯灯通过接触器的常闭触头供电，由于接触器常开触头不接通而使应急电源处于备用供电状态。当正常照明停电后，接触器得电动作，其常闭触电断开，常开触点闭合，应急照明电源接入楼梯灯线路，使楼梯灯直接点亮，作为火灾时的疏散照明。

七、简答题

1. 答：灯具主要由灯座和灯罩等部件组成。灯具的作用是固定和保护电源、控制光线、将光源光通量重新分配，以达到合理利用和避免眩光的目的。按其结构特点可分为开启型、闭合型（保护式）、密闭型、防爆式等。

2. 答：吊灯的安装要求是：（1）灯具重量大于 3kg 时，固定在螺栓或预埋吊钩上。（2）软线吊灯，灯具重量在 0.5kg 及以下时，采用软电线自身吊装；大于 0.5kg 的灯具采用吊链，且软电线编叉在吊链内，使电线不受力。（3）灯具固定牢固可靠，不使用木楔。每个灯具固定用螺钉或螺栓不少于 2 个；当绝缘台直径在 75mm 及以下时，采用 1 个螺钉或螺栓固定。（4）花灯吊钩圆钢直径不应小于灯具挂销直径，且不应小于 6mm。大型花灯的固定及悬吊装置，应按灯具重量的 2 倍做过载试验。

3. 答：一般按钮的安装程序是：测位、划线、打眼、预埋螺栓、清扫盒子、上木台、缠钢丝弹簧垫、装按钮、接线、装盖。

4. 答：插座的安装程序是：测位、划线、打眼、预埋螺栓、清扫盒子、上木台、缠钢丝弹簧垫、装插座、接线、装盖。

5. 答：插座的接线应符合下列要求：（1）单相两孔插座，面对插座的右孔或上孔与相线连接，左孔或下孔与零线连接；单相三孔插座，面对插座的右孔与相线连接，左孔与零线连接。（2）单相三孔、三相四孔及三相五孔插座的接地线或接零线均应接在上孔。插座的接地端子不应与零线端子直接连接。（3）接地（PE）或接零（PEN）线在插座间不串联连接。

6. 答：（1）输配电设计通过合理选择电动机、电力变压器容量以及对气体放电灯的启动器；降低线路阻抗（感抗）等措施，提高线路的自然功率因素。（2）民用建筑输配电的功率因数由低压电容器补偿，宜由变配电所集中补偿。（3）对于大容量负载、稳定、长期运行的用电设备宜单独就地补偿。（4）集中装设的静电电容器应随负荷和电压变化及时投入或切除，防止无功负荷倒送。电容器组采用分组循环自动切换运行方式。

7. 答：照明种类按其功能划分为：（1）正常照明，用于保证工作场所正常工作的室内外照明。（2）应急照明，在正常照明因故障停止工作时提供照明。应急照明又分为备用照明

113

和安全照明。（3）值班照明，在非工作时间供值班人员观察用的照明。（4）警卫照明，用于警卫区内重点目标的照明。（5）障碍照明，为保证飞行物夜航安全，在高层建筑或烟囱上设置障碍标志的照明。（6）装饰照明，为美化和装饰某一特定空间而设置的照明。（7）艺术照明，通过运用不同的灯具、不同的投光角度和不同的光色，制造出一种特定空间气氛的照明。

8. 答：根据工作场所对照度的不同要求，照明方式可分为三种方式：（1）一般照明，即只考虑整个工作场所对照明的基本要求，而不考虑局部场所对照明的特殊要求的照明。采用一般照明方式时，要求整个工作场所的灯具采用均匀布置的方案，以保证必要的照明均匀度。（2）局部照明，指在整个工作场所内，某些局部工作部位对照度有特殊要求时，为其所设置的照明。例如，在工作台上设置工作台灯，在商场橱窗内设置的投光照明等。（3）混合照明，即在整个工作场所内同时设置一般照明和局部照明。

9. 答：插座的安装应符合下列规定：（1）当不采用安全型插座时，托儿所、幼儿园及小学等儿童活动场所安装高度不小于 1.8m；（2）车间及试（实）验室的插座安装高度距地面不小于 0.3m；特殊场所暗装的插座不小于 0.15m；同一室内插座安装高度一致；（3）插座面板与地面齐平或紧贴地面，盖板固定牢固，密封良好；（4）当交流、直流或不同电压等级的插座安装在同一场所时，应有明显的区别，且必须选择不同结构、不同规格和不能互换的插座；其配套的插头，应按交流、直流或不同电压等级区别使用。

10. 答：吊扇、壁扇安装有以下规定：（1）吊扇挂钩安装牢固，吊扇挂钩的直径不小于吊扇挂销直径，且不小于 8mm；有防振橡胶垫；挂销的防松零件齐全、可靠；（2）吊扇扇叶距地高度不小于 2.5m；（3）吊扇组装不改变扇叶角度，扇叶固定螺栓防松零件齐全；（4）吊杆间、吊杆与电机间螺纹连接，啮合长度不小于 20mm，且防松零件齐全紧固；（5）吊扇接线正确，当运转时扇叶无明显颤动和异常声响；（6）壁扇安装时，其下侧边缘距地面高度不小于 1.8m。

11. 答：《建筑电气工程施工质量验收规范》（GB 50303—2002）对照明配电箱（盘）的安装有明确要求：（1）位置正确，部件齐全，箱体开孔与导管管径适配，暗装配电箱箱盖紧贴墙面，箱（盘）涂层完整；（2）箱（盘）内接线整齐，回路编号齐全，标识正确；（3）箱（盘）不采用可燃材料制作；（4）箱（盘）安装牢固，垂直度允许偏差为 1.5‰；底边距地面为 1.5m，照明配电板底边距地面不小于 1.8m；（5）箱（盘）内配线整齐，无绞接现象；导线连接紧密，不伤芯线，不断股；垫圈下螺丝两侧压的导线截面积相同，同一端子上导线连接不多于 2 根，防松垫圈等零件齐全；（6）箱（盘）内开关动作灵活可靠，带有漏电保护的回路，漏电保护装置动作电流不大于 30mA，动作时间不大于 0.1s；（7）照明箱（盘）内，分别设置零线（N）和保护地线（PE 线）汇流排，零线和保护地线经汇流排配出。

12. 答：（1）输配电系统的功率因数、谐波的治理是节约电能提高输配电质量的有效途径。（2）输配电系统应选择节约电能设备，减少设备本身的电能损耗，提高系统整体节约电能的效果。（3）输配电系统电压等级的确定：选择市电中输配电电压等级较高线路的深入负荷中心。设备容量在 100kW 及以下或变压器容量在 50kV·A 及以下者，可采用 380V/220V 配电系统。如果条件允许或特殊情况可采用 10kV 配电，对于大容量用电设备（如制冷机组）宜采用 10kV 配电。

13. 答：（1）在满足照明质量的前提下应选择适合的高效照明光源。（2）在满足眩光限值的条件下，应选用高效灯具及开启式直接照明灯具。室内灯具效率不低于70%，反射器应具有较高的反射比。(3) 为节约电能，灯具满足最低安装高度前提下，降低灯具的安装高度。(4) 高大空间区域设一般照明方式。对有高照度要求的部位设置局部照明。(5) 荧光灯应选用电子镇流器或节约电能的电感镇流器。大开间的场所选用电子镇流器，小开间的房间选用节能的电感镇流器。(6) 限制白炽灯的使用量。室外不宜采用白炽灯，特殊情况下也不应超过100W。(7) 荧光灯应选用光效高、寿命长、显色性好的直管稀土三基色细管荧光灯(T8、T5) 和紧凑型。照度相同的条件下宜首选紧凑型荧光灯，取代白炽灯。

14. 答：(1) 应根据建筑物的特点、功能、标准、使用要求等性质，对照明系统采用分散、集中、手动、自动等控制方式，进行有效的节能控制。(2) 对于功能复杂、照明环境要求较高的建筑物，宜采用专用智能照明控制系统。(3) 大中型建筑宜采用集中或分散控制；高级公寓宜采用多功能或单一功能的自动控制系统；别墅宜采用智能照明控制系统。(4) 应急照明与消防系统联动，保安照明应与安防系统联动。(5) 根据不同场所的照度要求采用分区一般照明、局部照明、重点照明、背景照明等照明方式。(6) 对于不均匀场所采用相应的节电开关，如定时开关、接触开关、调光开关、光控开关、声控开关等。(7) 走廊、电梯前室、楼梯间及公共部位的灯光控制采用光时控制、集中控制、调光控制和声光控制等。

课题3 建筑施工现场临时用电

一、判断题

1. ×；2. ×；3. √；4. ×；5. ×；6. √；7. √

二、单项选择题

1. D；2. B；3. C；4. C；5. C

三、简答题

1. 答：(1) 用电设备移动性大，用电量大、负荷变化量大，主体施工较基础施工及装修和收尾阶段用电量大。

(2) 施工环境复杂，施工现场多工种交叉作业，安全性差，发生触电事故多。

(3) 用电设备、设施多且分散、供电线路长、临时性强，施工及用电管理难度大。

(4) 供电电源引入受限，引线及接线标准低，安全隐患大。

(5) 供电多采用架空方式引入电源。

2. 答：(1) 施工现场临时电源的确定原则

① 低压供电能满足要求时，尽量不再另设变压器。

② 当施工用电能进行复核调度时，应尽量减少申报的需用电源容量。

③ 工期较长的工程，应做分期增设与拆除电源设施的规划方案，力求结合施工总进度合理配置。

(2) 施工现场常用临时供电方案

① 建立永久性的供电设施。对于较大工程，其工期较长，应考虑将临时供电与长期供电统一规划，在全面开工前，完成永久性供电设施建设，包括变压器选择、变电站建设、供电线路敷设等。临时电源由永久性供电系统引出，当工程完工后，供电系统可继续使用以避免浪费。如施工现场用电量远小于永久性供电能力，以满足施工用电量为基准，可选择部分完工。

② 利用就近供电设施。对于较小工程或施工现场用电量少，附近有能力向其供电，并能满足临时用电要求的设施，应尽量加以利用。施工现场用电完全可由附近的设施供电，但应做负荷计算，进行校验以保证原供电设备正常运行。

③ 建立临时变配电所。对于施工用电量大，附近又无可利用电源，应建立临时变配电所。其位置应靠近高压配电网和用电负荷中心，但不宜将高压电源直接引至施工现场，以保证施工的安全。

④ 安装柴油发电机。对于边缘远地区或移动较大的市政建设工程，常采用安装柴油发电机以解决临时供电电源问题。

3. 答：配电变压器选择的任务是确定变压器的原、副边电压、容量、台数、型号及安装位置等。

变压器的原、副边额定电压应与当地高压电源的供电电压和用电设备的额定电压一致，一般配电变压器的额定电压，高压为 6～10kV，低压为 380V/220V。为减少供电线路的电压损失，其供电半径一般不大于 700m。

变压器的台数由现场设备的负荷大小及对供电的可靠性来确定。单台变压器的容量一般不超过 1000kV·A，一般对于负荷较小工程，选取一台变压器即可，但单台变压器的容量应能承担施工最大用电负荷。当负荷较大或重要负荷用电，需要考虑选择两台以上变压器。

变压器的容量应由施工现场用电设备的计算负荷确定。变压器容量选择应适当，容量过大使损耗增加，投资费用增加；容量过小，用电设备略有增添或电动机略有过载时，变压器易发热超过允许温度，影响变压器的使用寿命。具体选择应遵循变压器的额定容量应大于或等于施工用电最大计算负荷的原则，按下列方式选择，即

$$S_N \geqslant S_{\Sigma C}$$

式中　S_N——变压器的总容量；

　　　$S_{\Sigma C}$——施工现场总计算负荷。

临时配电变压器应安装在地势较高，不受震动、腐蚀性气体影响小、高压进线方便、易于安装、运输方便的场所，并应尽可能靠近施工负荷中心。但应注意不得让高压线穿越施工现场，室内变压器地面应高出室外 0.15m 以上。

4. 答：① 施工现场供用电设施的设计、施工、运行和维护应符合现行国家标准《建设工程施工现场供用电安全规范》（GB 50194—2014）的有关规定。

② 电气线路应具有相应的绝缘强度和机械强度，严禁使用绝缘老化或失去绝缘性能的电气线路，严禁在电气线路上悬挂物品。破损、烧焦的插座、插头应及时更换。

③ 电气设备与可燃、易燃易爆危险品和腐蚀性物品应保持一定的安全距离。

④ 有爆炸和火灾危险的场所，应按危险场所等级选用相应的电气设备。

⑤ 配电屏上每个电气回路应设置漏电保护器、过载保护器，距配电屏 2m 范围内不应堆放可燃物，5m 范围内不应设置可能产生较多易燃、易爆气体、粉尘的作业区。

⑥ 可燃材料库房不应使用高热灯具，易燃易爆危险品库房内应使用防爆灯具。

⑦ 普通灯具与易燃物的距离不宜小于 300mm，聚光灯、碘钨灯等高热灯具与易燃物的距离不宜小于 500mm。

⑧ 电气设备不应超负荷运行或带故障使用。

课题 4　建筑物防雷和安全接地

一、填空题

1. 直击雷，雷电感应，雷电波侵入
2. 引下线，接地装置
3. 避雷带，避雷网，避雷器
4. 圆钢，扁钢
5. 阀式避雷器，管式避雷器
6. 明敷，暗敷
7. 扁钢，圆钢
8. 机械强度，耐腐蚀性能
9. 镀锌角钢，圆钢
10. 带型，环型，放射型
11. 接地引线，接地干线
12. 金属外壳，其他金属构架
13. 自然接地体，自然接地线
14. 30，20，10，4

二、判断题

1. ×；2. × 3. √；4. ×；5. ×；6. √；7. ×；8. √；9. √；10. ×；11. √；12. √；
13. ×；14. ×

三、单项选择题

1. D；2. C；3. B；4. B；5. C；6. C；7. B；8. D；9. B

四、名词解释

1. 正常情况下，为保证电气设备的可靠运行并提供部分电气设备和装置所需要的相电压，将电力系统中的变压器低压侧中性点通过接地装置与大地直接相连，该方式称为工作接地。

2. 为防止电气设备由于绝缘损坏而造成的触电事故，将电气设备的金属外壳通过接地线与接地装置连接起来，这种为保护人身安全的接地方式称为保护接地。

3. 当单相用电设备为获取单相电压而接的零线，称为工作接零。

4. 为防止电气设备因绝缘损坏而使人身遭受触电危险，将电气设备的金属外壳与电源的中性线用导线连接起来，称为保护接零。

5. 线路较长或接地电阻要求较高时，为尽可能降低零线的接地电阻，除变压器低压侧中性点直接接地外，将零线上一处或多处再进行接地，则称为重复接地。

6. 防雷接地的作用是将雷电流迅速安全地引入大地，避免建筑物及其内部电器设备遭受雷电侵害。

7. 由于干扰电场的作用会在金属屏蔽层感应电荷，而将金属屏蔽层接地，使感应电荷导入大地，该方式称屏蔽接地。

五、简答题

1. 答：防雷装置的作用是将雷云电荷或建筑物感应电荷迅速引入大地，以保护建筑物、电气设备及人身不受损害。防雷装置主要由接闪器、引下线和接地装置等组成。接闪器是用来接受雷电流的装置，引下线是将雷电流引入大地的通道，接地装置的作用可使雷电流在大地中迅速流散。

2. 答：电气设备发生碰壳短路或电网相线断线触及地面时，故障电流就从电器设备外壳经接地体或电网相线触地点向大地流散，使附近的地表面上和土壤中各点出现不同的电压。如人体接近触地点的区域或触及与触地点相连的可导电物体时，接地电流和流散电阻产生的流散电场会对人身造成危险。接地的连接方式主要有：工作接地、保护接地、工作接零、保护接零、重复接地、防雷接地、屏蔽接地。

3. 答：《建筑电气工程施工质量验收规范》（GB 50303—2002）中要求：建筑物等电位

连接干线应从与接地装置有不少于 2 处直接连接的接地干线或总等电位箱引出，等电位连接干线或局部等电位箱间的连接线形成环行网路，环行网路应就近与等电位联结干线或局部等电位箱连接。支线间不应串联连接。等电位联结的线路最小允许截面为：铜干线 $16mm^2$，铜支线 $6mm^2$；钢干线 $50mm^2$，钢支线 $16mm^2$。

4. 答：高层建筑物必然是钢筋混凝土结构、钢结构的建筑物，应充分利用其金属物做防雷装置的一部分，将其金属物尽可能连成整体。从经济、安全可靠、电磁屏蔽、美观、最少的维护工作量等许多因素出发，《建筑电气工程施工质量验收规范》（GB 50303—2002）对第二类、第三类高层建筑物提出应采取以下防侧击和等电位的保护措施。

（1）钢筋架和混凝土构件中的钢筋应互相连接。构件内有箍筋连接的钢筋或成网状的钢筋，其箍筋与主钢筋的连接、钢筋与钢筋的连接应采用土建施工的绑扎法连接或焊接。单根钢筋或圆钢以及外引预埋连接板（线）与上述钢筋的连接应焊接或采用螺栓紧固的卡夹器连接。构件之间必须连接成电气通路。

（2）应利用钢柱或混凝土柱中钢筋作为防雷装置引下线。

（3）应将距地等于滚球半径及以上的外墙的栏杆、门窗等较大的金属物与防雷装置连接。

（4）竖直敷设的金属管道及金属物的顶端和底端与防雷装置连接。

5. 答：IEC 标准中，根据系统接地形式，将低压配电系统分为三种：IT 系统、TT 系统和 TN 系统，其中 TN 系统又分为 TN-C 系统、TN-S 系统和 TN-C-S 系统。

TN 系统的电源中性点直接接地，并引出有 N 线，属三相四线制大电流接地系统。系统上各种电气设备的所有外露可导电部分，必须通过保护线与低压配电系统的中性点相连。

TT 系统的中性点直接接地，并引出有 N 线，而电气设备经各自的 PE 线接地与系统接地相互独立。TT 系统一般作为城市公共低压电网向用户供电的接地系统，即通常所说的三相四线供电系统。

在 IT 系统中，系统的中性点不接地或经阻抗接地，不引出 N 线，属三相三线制小电流接地系统。正常运行时不带电的外露可导电部分如电气设备的金属外壳必须单独接地、成组接地或集中接地，传统称为保护接地。该系统的一个突出优点就在于当发生单相接地故障时，其三相线电压仍维持不变，三相用电设备仍可暂时继续运行，但同时另两相的对地电压将由相电压升高到线电压，并当另一相再发生单相接地故障时，将发展为两相接地短路，导致供电中断，因而该系统要装设绝缘监测装置或单相接地保护装置。IT 系统的另一个优点与 TT 系统一样，是其所有设备的外露可导电部分，都是经各自的 PE 线分别直接接地，各台设备的 PE 线间无电磁联系，因此也适用于对数据处理、精密检测装置等供电。IT 系统在我国矿山、冶金等行业应用相对较多，在建筑供电中应用较少。

单元八　建筑电气工程施工图

课题 1　建筑电气工程施工图

一、填空题

1. 名称，张数，便于查找

2. 设计依据，施工要求

3. 分布，相互联系

4. 粗实线，虚线

5. 穿焊接钢管敷设，穿电线管敷设

6. 灯具套数为 24，灯具内有 2 个灯管，每个灯管为 40W，安装高度为 2.9m，链吊式安装

7. 3，3，5

二、判断题

1. √ ；2. √ ；3. × ；4. √

三、绘图题

1. 双绕组变压器的图例符号是：

2. 动力或动力-照明配电箱的图例符号是：

3. 照明配电箱（屏）的图例符号是：

4. 熔断器式隔离开关的图例符号是：

5. 花灯的图例符号是：

6. 带接地插孔的三相插座（暗装）的图例符号是：

7. 有功电能表（瓦时计）的图例符号是： Wh

8. 火灾报警控制器的图例符号是： ★

9. 应急疏散指示标志灯的图例符号是： EEL

10. 视频线路的图例符号是： V

11. 略。

四、解释下列文字符号的含义

1. 答：表示有 3 根截面为 $4mm^2$ 的铝芯橡皮绝缘导线，穿直径为 20mm 的水煤气钢管沿墙暗敷设。

2. 答：表示 3 号动力配电箱，其型号为 XL-3-2 型、功率为 35.165kW。

3. 答：表示 28 套灯具、型号 PKY501，灯具内有 2 个灯管、每个灯管为 40W，安装高度为 2.6m，管吊式安装。

4. 答：表示 6 套吸顶灯，灯具内有 2 个 60W 的灯泡，吸顶式安装。

五、简答题

1. 答：线路的文字标注基本格式为：a b－c(d×e＋f×g)i－j h 。

其中，a 表示线缆编号；b 表示型号；c 表示线缆根数；d 表示线缆线芯数；e 表示线芯截面（mm^2）；f 表示 PE、N 线芯数；g 表示线芯截面（mm^2）；i 表示线路敷设方式；j 表示线路敷设部位；h 表示线路敷设安装高度（m）。上述字母无内容时则省略该部分。

2. 答：配电箱的文字标注格式为：a－b－c 或 $a \dfrac{b}{c}$ 。其中，a 表示设备编号；b 表示设备型号；c 表示设备功率（kW）。

3. 答：照明灯具的文字标注格式为：$a－b \dfrac{c×d×L}{e}f$。其中，a 表示同一个平面内，同种型号灯具的数量；b 表示灯具的型号；c 表示每盏照明灯具中光源的数量；d 表示每个光源的容量（W）；e 表示安装高度，当吸顶或嵌入安装时用 "-" 表示；f 表示安装方式；L 表

示光源种类（常省略不标）。

课题 2　建筑电气工程施工图识读

识图题

1. 答：该住宅照明配电系统由一个总配电箱和 6 个分配电箱组成。进户线采用 4 根 16mm² 的铝芯塑料绝缘线，穿直径为 32mm 的水煤气管，墙内暗敷。总配电箱引出 4 条支路，1、2、3 支路分别引至 5、6 分配电箱，3、4 分配电箱和 1、2 分配电箱，所用导线均为 3 根 4mm² 铜芯塑料绝缘线穿直径为 20mm 的水煤气管墙内暗敷。6 个分配电箱完全一样。每个分配电箱负责同一层甲、乙、丙、丁 4 住户的配电，每一住户的照明和插座回路分开。照明线路采用 1.5mm² 铜芯塑料线；插座线路采用 2.5mm² 铜芯塑料线，均穿水煤气管暗敷。

2. 答：接待室安装了三种灯具。花灯一盏，装有 7 个 60W 白炽灯泡，链吊式安装，安装高度 3.5m；3 管荧光灯 4 盏，灯管功率为 40W，采用吸顶安装；壁灯 4 盏，每盏装有 40W 白炽灯泡 3 个，安装高度 3m；单相带接地孔的插座 2 个，暗装。总计 9 盏灯由 11 个单极开关控制。会议室装有双管荧光灯 2 盏，灯管功率为 40W，采用链吊式安装，安装高度 2.5m，由 2 只单极开关控制；另外还装有吊扇 1 台，带接地插孔的单相插座 1 个。两个研究室分别装有 3 管荧光灯 2 盏，灯管功率 40W，链吊式安装，安装高度 2.5m，均用 2 个单极开关控制；另有吊扇 1 台，单相带接地插孔插座 2 个（暗装）。图书资料室装有双管荧光灯 6 盏，灯管功率 40W，链吊式安装，安装高度 3m；吊扇 2 台；6 盏荧光灯由 6 个单极开关分别控制。办公室装有双管荧光灯 2 盏，灯管功率 40W，吸顶安装，各用 1 个单极开关控制；还装有吊扇 1 台。值班室装有 1 盏单管 40W 荧光灯，吸顶安装；还装有 1 盏半圆球吸顶灯，内装 1 只 60W 白炽灯泡；2 盏灯各自用 1 个单极开关控制。女厕所、走廊和楼梯均安装有半圆球吸顶灯，每盏 1 个 60W 的白炽灯泡，共 7 盏。楼梯灯采用两只双控开关分别在二楼和一楼控制。

3. 答：车间里设有 4 台动力配电箱，即 AL1～AL4。AL1 $\dfrac{XL-20}{4.8}$ 表示配电箱的编号为 AL1，其型号为 XL-20，配电箱的容量为 4.8kW。由 AL1 箱引出三个回路，均为 BV-3×1.5＋PE1.5-SC20-FC，表示 3 根相线截面为 1.5mm²，PE 线截面为 1.5mm²，均为铜芯塑料绝缘导线，穿直径为 20mm 的焊接钢管，沿地暗敷设。配电箱引出回路给各自的设备供电，其中 $\dfrac{1}{1.1}$ 表示设备编号为 1，设备容量为 1.1kW。其余配电箱基本相同。

4. 答：引入配电箱的干线为 BV-4×2.5＋16-SC40-WC；干线开关为 DZ216-63/3P-C32A；回路开关为 DZ216-63/1P-C10A 和 DZ216-63/2P-16A-30mA；支线为 BV-2×2.5-SC15-CC 及 BV-3×2.5-SC15-FC。回路编号为 N1～N13；相别为 AN、BN、CN、PE 等。配电箱的参数为：设备容量 $P_e=8.16kW$；需用系数 $K_x=0.8$；功率因数 $\cos\phi=0.8$；计算容量 $P_{js}=6.53kW$；计算电流 $I_{js}=13.22A$。

5. 答：由图可知，该变电所两路 10kV 高压电源分别引入进线柜 1AH 和 12AH，1AH 和 12AH 柜中均有避雷器。主母线为 TMY-3（80×10）。2AH 和 11AH 为电压互感器柜，作用是将 10kV 高电压经电压互感器变为低电压 100V 供仪表及继电保护使用。3AH 和 10AH 为主进线柜；4AH 和 9AH 为高压计量柜；5AH 和 8AH 为高压馈线柜；7AH 为母线分段柜。正常情况下两路高压分段运行，当一路高压出现停电事故时则由 6AH 柜联络运行。

6. 答：由图可知，低压配电系统由 5AA 号柜和 6AA 号柜组成。5AA 号柜的 WP22～WP27 干线分别为 1～16 层空调设备的电源，电源线为 VV-4×35+1×16。WP28 及 WP29 为备用回路。6AA 号柜的 WP30 干线采用 VV-3×25+2×16 电力电缆引至地下人防层生活水泵。WP31 电源干线为 BV-3×25+2×16-SC50，引至 16 层电梯增压泵。WP32 和 WP33 为备用回路。WP02 为电源引入回路，电源线为 2（VV-3×185+1×95），电源一用一备。

7. 答：由图可知在各层均装有感烟、感温探测器及手动报警按钮、报警电铃、控制模块、输入模块、水流指示器、信号阀等。一层设有报警控制器为 2N905 型，控制方式为联动控制。地下室设有防火卷闸门控制器，每层信号线进线均采用总线隔离器。当火灾发生时报警控制器 2N905 接收到感烟、感温探测器或手动报警按钮的报警信号后，联动部分动作，通过电铃报警并启动消防设备灭火。

8. 答：由图可知，从前端箱系统分四组分别送至一号、二号、三号、四号用户区。其中二号用户区通过四分配器将电视信号传输给四个单元，采用 SYKV-75-9 同轴电缆传输，经分支器把电视信号传输到每层的用户。